Studienskripten zur Soziologie

20 E.K.Scheuch/Th.Kutsch, Grundbegriffe der Soziologie
Band 1 Grundlegung und Elementare Phänomene
2. Aufl., ca. 250 Seiten

21 E.K.Scheuch, Grundbegriffe der Soziologie
Band 2 Komplexe Phänomene und
Systemtheoretische Konzeptionen
ca. 160 Seiten. In Vorbereitung

22 H.Benninghaus, Deskriptive Statistik
(Statistik für Soziologen, Bd. 1)
280 Seiten, DM 12,80

23 H.Sahner, Schließende Statistik
(Statistik für Soziologen, Bd. 2)
188 Seiten, DM 6,80

26 K.Allerbeck, Datenverarbeitung in der
empirischen Sozialforschung
Eine Einführung für Nichtprogrammierer
187 Seiten, DM 7,80

27 W.Bungard/H.E.Lück, Forschungsartefakte
und nicht-reaktive Meßverfahren
181 Seiten, DM 8,80

31 E.Erbslöh, Interview
(Techniken der Datensammlung, Bd. 1)
119 Seiten, DM 5,80

32 K.-W.Grümer, Beobachtung
(Techniken der Datensammlung, Bd. 2)
290 Seiten, DM 12,80

37 E.Zimmermann, Das Experiment
in den Sozialwissenschaften
308 Seiten, DM 11,80

39 H.J.Hummell, Probleme der
Mehrebenenanalyse
160 Seiten, DM 6,80

41 Th.Harder, Dynamische Modelle
in der empirischen Sozialforschung
120 Seiten, DM 7,80

42 W.Sodeur, Empirische Verfahren zur
Klassifikation
183 Seiten, DM 9,80

Weitere Bände in Vorbereitung

Zu diesem Buch

Klassifikationsverfahren zählen zu den Methoden der empirischen Sozialforschung. Dieses Skriptum behandelt einführend Verfahren zur Ordnung von Merkmalsträgern anhand ihrer Merkmale in Typen oder Klassen. Es gehört in weiterem Sinne zu den in dieser Reihe enthaltenen Darstellungen der Methoden der Statistik.

Das Skriptum ist besonders für das Selbststudium gedacht; es kann jedoch auch vorlesungsbegleitend sowie als Ergänzung zu Übungen benutzt werden. Kenntnisse einiger Grundlagen der beschreibenden Statistik werden vorausgesetzt.

Das Skriptum will das Verständnis für Klassifikationsverfahren und für die zugrundeliegenden Strukturvorstellungen vor allem jenen Lesern erleichtern, die in erster Linie an der Lösung inhaltlicher Probleme interessiert sind. Aufgrund der formalen Natur der Probleme und der Anwendbarkeit der behandelten Verfahren dürfte diese Einführung gleichermaßen für Biologen, Mediziner, Wirtschafts- und Sozialwissenschaftler von Interesse sein.

Studienskripten zur Soziologie

Herausgeber: Prof. Dr. Erwin K. Scheuch
Dr. Heinz Sahner

Teubner Studienskripten zur Soziologie sind als in sich abgeschlossene Bausteine für das Grund- und Hauptstudium konzipiert. Sie umfassen sowohl Bände zu den Methoden der empirischen Sozialforschung, Darstellungen der Grundlagen der Soziologie, als auch Arbeiten zu sogenannten Bindestrich-Soziologien, in denen verschiedene theoretische Ansätze, die Entwicklung eines Themas und wichtige empirische Studien und Ergebnisse dargestellt und diskutiert werden. Diese Studienskripten sind in erster Linie für Anfangssemester gedacht, sollen aber auch dem Examenskandidaten und dem Praktiker eine rasch zugängliche Informationsquelle sein.

Empirische Verfahren zur Klassifikation

Von Prof. Dr. W. Sodeur

Gesamthochschule Wuppertal

1974. Mit 35 Bildern
und 9 Tabellen

Springer Fachmedien Wiesbaden GmbH

Prof. Dr. rer.pol. Wolfgang Sodeur

1938 in Hannover geboren. 1959 bis 1961 Banklehre in Hannover. 1961 bis 1965 Studium der Soziologie und Wirtschaftswissenschaften an den Universitäten Berlin und Köln. 1965 bis 1969 Assistent am Forschungsinstitut für Soziologie; 1970 bis 1973 Assistent am Rechenzentrum der Universität zu Köln. 1972/73 Lehrstuhlvertretung für Soziologie, Methoden und Statistik (EDV) an der Universität Hamburg. Seit 1973 Wiss. Rat und Professor für empirische Wirtschafts- und Sozialforschung am Fachbereich Wirtschaftswissenschaft der Gesamthochschule Wuppertal. Publikationen u.a. über Führungsverhalten und Dogmatismus

ISBN 978-3-519-00042-6 ISBN 978-3-322-94916-5 (eBook)
DOI 10.1007/978-3-322-94916-5

Ursprünglich erschienen bei B.G.Teubner, Stuttgart 1974

Umschlaggestaltung: Walter Koch, Sindelfingen

Vorwort

Versuche zur Ordnung der Gegenstände des jeweiligen Interesses durch Typologien oder Klassifikationen haben in der Wissenschaft stets eine große Rolle gespielt. Beweggründe dafür liegen nicht nur im Wunsch nach Vereinfachung des Gegenstandsbereichs. Die Ordnung soll vor allem aufzeigen, welche Aspekte der Gegenstände - gemessen am jeweiligen Interesse - als wichtig und welche als unwichtig erscheinen: Um die Aufmerksamkeit auf die wichtigen Aspekte lenken zu können, werden alle jene Gegenstände zusammengefaßt und mit einem gemeinsamen Begriff benannt, die sich nur in unwesentlichen Aspekten voneinander unterscheiden.

Probleme dieser Art treten in fast allen wissenschaftlichen Disziplinen auf. Zu ihrer Lösung ist in den letzten 10-15 Jahren eine heute kaum mehr überschaubare Fülle von Klassifikationsverfahren entwickelt worden. Ausgehend von der Biologie und Psychologie finden diese Verfahren auch zunehmend Interesse in anderen Disziplinen. Diese Verbreitung wird nicht zuletzt durch die Verfügbarkeit elektronischer Rechenanlagen und ein wachsendes Angebot lauffertiger Programme erleichtert.

Demgegenüber wird nicht immer genügend beachtet, daß die Klassifikationsverfahren von jeweils speziellen Voraussetzungen ausgehen. Häufig werden sie als Mittel zur 'automatischen' Ordnung der Gegenstände angesehen. An sich wird diese Erwartung auch durch jedes einzelne Verfahren erfüllt, das 'ohne weiteres Zutun' eine Ordnung der Gegenstände liefert. Aber schon die Zahl der entwickelten Verfahren muß Argwohn erwecken. Tatsächlich ermitteln sie auch unterschiedliche Ordnungen der Gegenstände.

Die 'automatische' Suche nach einer Ordnung der Gegenstände beginnt deshalb erst nach der Entscheidung für ein bestimmtes (von vielen möglichen) Verfahren. Die Verfahrenswahl beeinflußt das Ergebnis, genauer: Mit der Entscheidung für ein bestimmtes Verfahren wird - bewußt oder unbewußt - festgelegt, welche formalen Eigenschaften die gesuchte Ordnung der Gegenstände besitzen soll. Durch die Verfahrenswahl ist indirekt bestimmt, welche Aspekte der Unterschiede zwischen Gegenständen bei der Suche nach einer Ordnung beachtet werden und welche Aspekte unberücksichtigt bleiben.

Für den in erster Linie an der Lösung inhaltlicher Probleme interessierten Leser muß es deshalb darauf ankommen zu erfahren, woran sich Entscheidungen bei der Wahl eines bestimmten Verfahrens orientieren können. Die vorliegende Arbeit versucht, solche Punkte aufzuzeigen. Sie vermittelt zunächst grundlegende Kenntnisse über einige wichtige Klassifikationsverfahren. Sie zeigt die Stellen, an denen Entscheidungen getroffen werden müssen und zeigt die formalen Strukturen möglicher inhaltlicher Anforderungen, die Entscheidungen in der einen oder anderen Richtung rechtfertigen können. Es bleibt das Problem jeder sinnvollen Anwendung, entsprechende Strukturen aus den inhaltlichen Zielsetzungen abzuleiten oder gegebenenfalls festzustellen, daß dieses unmöglich ist und die Anwendung eines Klassifikationsverfahrens unangemessen wäre.

Trotz formaler Darstellung will dieses Buch in erster Linie Hilfen für die Festlegung der Ziele einer angestrebten Ordnung der Gegenstände liefern. Dies ist u.E. die wichtigste Voraussetzung, um Entscheidungen für oder gegen eines der zu behandelnden Klassifikationsverfahren sinnvoll zu treffen. Die Verfahren selbst werden über die zur Anwendungsentscheidung notwendige Grundinformation hinaus nur im groben Ablauf beschrieben. Zur genaueren Information ist jeweils auf die weiterführende Literatur verwiesen.

Köln, im Juli 1974

Wolfgang Sodeur

Inhaltsverzeichnis

1. Einführung

1.1. Grundbegriffe

Dieses Skriptum beschäftigt sich mit Problemen der systematischen Ordnung von Gegenständen unseres jeweiligen Interesses, die wir kurz Elemente nennen wollen. Elemente können z.B. Personen, Gruppen, Verhaltensweisen, Entwicklungsstadien, Prozesse, Tiere, Pflanzen, Krankheiten, Ausgrabungsstücke, Landschaften oder Dokumente sein.

Die systematische Ordnung der Elemente erfolgt anhand ihrer Eigenschaften bzw. Merkmale; Beispiele für Merkmale von Personen sind Alter, Familienstand, Beruf, Parteipräferenz oder Kontakte zu bestimmten anderen Personen; Beispiele für Merkmale von Pflanzen die Form der Blätter, das Vorhandensein von Blüten oder die Art der Fortpflanzung; Merkmale von Krankheiten z.B. die Krankheitssymptome, die Art der Erreger, das Alter der Patienten, die Form der Übertragung; Merkmale von Dokumenten z.B. die in ihnen vorkommenden Wörter.

In ihrer Gesamtheit bestimmen die Merkmale, ob Elemente einander ähnlich oder unähnlich sind. Welche Bedeutung die Übereinstimmung hinsichtlich eines einzelnen Merkmals für die Ähnlichkeit zwischen zwei Elementen insgesamt hat und welches Ausmaß an Ähnlichkeit zwischen Elementen die Zurechnung zu einer gemeinsamen Gruppe rechtfertigen soll, muß jeweils entsprechend der Zielsetzung der Ordnung festgesetzt werden. Von diesen Entscheidungen wie auch von der Auswahl der Merkmale hängt es ab, auf welche Weise die Elemente gruppiert werden.

Die Untermenge aller Elemente, die aufgrund ihrer Ähnlichkeit über alle Merkmale als zusammengehörig betrachtet werden, wollen wir Typus oder Typ nennen.

Entsprechend soll die Gesamtheit aller Typen, denen die Elemente zugeordnet werden, Typologie und der Prozeß der Entwicklung einer Typologie Typenbildung oder Typologisierung heißen. Die Lehre von den Methoden der Typenbildung nennen wir Taxonomie. Soweit diese Methoden auch numerische Methoden umfassen, spricht man statt von numerischer Taxonomie auch von Taxonometrie oder Taxometrie.

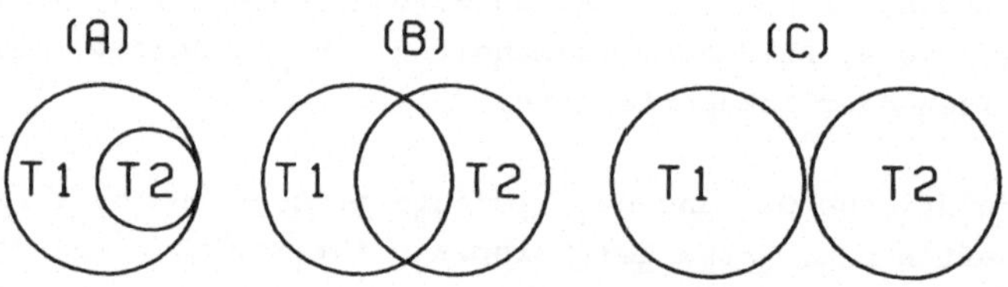

Abbildung 1: Formen der Einteilung von Elementen in Typen

Zwei Typen können sich im Hinblick auf die ihnen zugehörigen Elemente (A) gegenseitig umfassen, (B) sich überlappen oder (C) disjunkte Mengen bilden (s. Abb.1). Typologien können die Menge aller Elemente der Gesamtheit ausschöpfen, so daß jedes Element mindestens einem Typ zuzurechnen ist, oder sie können unvollständig sein in dem Sinne, daß einzelne Elemente keinem der vorgesehenen Typen zugehören.

In diesem Skriptum werden fast ausschließlich Ordnungen behandelt, die sämtliche Elemente in disjunkte Typen einteilen (s. Abb.1C). Diesen Spezialfall einer Typologie wollen wir Klasseneinteilung und die disjunkten Typen Klassen nennen. Mit Klassifikation bezeichnen wir sowohl den Prozeß der Suche nach einer geeigneten Klasseneinteilung wie auch das Ergebnis der Suche. Von Typen, Typologien etc. sprechen wir nur noch - wie vor allem in diesem einleitenden Kapitel - in solchen Fällen, in denen nicht zwischen sich überlappenden und disjunkten Typen oder nicht zwischen einer vollständigen und einer unvollständigen Einteilung der Elemente unterschieden werden soll.

Ist bereits eine Ordnung der Elemente durch eine Typologie (oder spezieller Klassifikation) vorhanden und sollen weitere Elemente den bekannten Typen (oder Klassen) zugeordnet werden, so wollen wir diesen Vorgang Diskrimination nennen. Im englischen oder französischen Sprachgebrauch findet man für das Zuweisungsproblem zur Unterscheidung von "classification" auch die Begriffe "rangement, classement, allocation, assignement" (vgl. Dagnelie 1966).

Leider wird das Wort "Klassifikation" (bzw. "classification") in der Literatur sowohl für die Suche nach einer Klasseneinteilung im oben definierten Sinne wie auch für die Zuordnung von neuen Elementen zu einer bereits feststehenden Klasseneinteilung verwendet. Um Mißverständnisse zu vermeiden, werden wir den Begriff jedoch allein für die Suche nach einer Klasseneinteilung bzw. für diese Einteilung selbst verwenden (so u.a. auch: Dagnelie 1966; Jardine und Sibson1971B; Skarabis 1970; Sokal und Sneath 1963).

1.2. Merkmalraum

Versuche zur typologischen Ordnung der Gegenstände unseres Interesses finden wir bereits in der Begriffsbildung unserer Alltagssprache. Wenn wir z.B. "Tisch" oder "Politiker" oder "Freizeitkleidung" sagen, so meinen wir damit eine Reihe häufig zwar nicht identischer, wohl aber ähnlicher Erscheinungen, die jeweils durch zahlreiche Merkmale gekennzeichnet sind.

Der Begriff steht für ein ganzes Bündel solcher Merkmale. Seinem Gebrauch liegt die stillschweigende Übereinkunft zwischen dem Sender und dem Empfänger zugrunde, welches Bündel gemeint sein soll. Der Begriff ist nur solange sinnvoll, als Sender und Empfänger sich über wesentliche Merkmale einig sind. Eine totale Übereinstimmung wird nicht immer erwartet und ist auch nicht immer notwendig.

Oft steht hinter der stillschweigenden Übereinkunft ein versteckter Dissens. Sender und Empfänger meinen dann unterschiedliche Merkmalbündel; manchmal ist einem von ihnen oder beiden nicht bewußt, welches Bündel sie meinen wollen. Solche inhaltliche Unschärfe umgangssprachlicher Begriffe liegt in der Unklarheit erstens über den Kreis der zu betrachtenden Merkmale und zweitens über deren relative Bedeutung. Im ersten Punkt geht es z.B. um Fragen der Art: Ist die Zugehörigkeit zu einer Partei ein Merkmal, das in irgendeiner Form zur Unterscheidung zwischen Politikern und Nicht-Politikern beiträgt? Der zweite Punkt setzt eine positive Entscheidung über den ersten voraus und zielt auf Fragen der Art: Welche Rolle spielt die Parteizugehörigkeit allein oder in Kombination mit anderen Merkmalen bei der Unterscheidung zwischen Politikern und Nicht-Politikern?

Die typologische Begriffsbildung im wissenschaftlichen Bereich sollte eine befriedigende Antwort auf Fragen beider Art geben können. Dazu müssen zunächst sämtliche Merkmale eindeutig bestimmt sein, die zur Kennzeichnung eines Begriffs oder zur Unterscheidung zwischen Typen herangezogen werden. A.H. Barton (1955) spricht in diesem Zusammenhang von der Definition des Merkmalraumes. Mit dem Merkmalraum wird die Gesamtheit der Merkmale beschrieben, auf die sich das Interesse konzentrieren soll. Indirekt ist damit auch festgelegt, was als unwichtig gilt und deshalb unbeachtet bleibt. Ist der Merkmalraum einer Typologie nicht vollständig bestimmt, was auch bei wissenschaftlichen Begriffen nicht selten vorkommt, so bedarf es zum Verständnis des genauen Inhalts der Rekonstruktion des Merkmalraumes durch nachträgliche Bedeutungsanalyse der Begriffe (vgl. Barton 1955, S.50 ff; Ziegler, 1973, S.15 f.)

Das Konzept des Merkmalraumes enthält außerdem die Vorstellung einer Anordnung der Elemente: anhand seiner relevanten Merkmale wird jedes Element als Punkt im Merkmalraum dargestellt. Eine Einteilung des Merkmalraumes in Unterräume und eine Gruppierung der Elemente je nach Lage in gleichen bzw. ungleichen Unterräumen sind weitere, mit diesem Konzept verbundene Vorstellungen. Ähnlichkeit der Elemente ist damit z.B. als geringe Distanz im Merkmalraum zu denken, Zusammengehörigkeit der Elemente eines Typs als relativ dichte Anordnung dieser Elemente im Raum bei gleichzeitig relativ großem Abstand von anderen, nicht zum Typ gehörenden Elementen.

Nun darf man sich aber den Merkmalraum in der Regel nicht als einen euklidischen Raum vorstellen und die übliche Raumvorstellung nicht ohne weiteres darauf übertragen: Zunächst wird der Merkmalraum häufig von sehr vielen Merkmalen aufgespannt, während unsere räumliche Vorstellung bei drei Dimensionen endet. Ferner haben Merkmalräume gegenüber den uns bekannten euklidischen Räumen häufig Defekte: Die Achsen stehen nicht senkrecht aufeinander, wie wir es von den Koordinatenachsen gewöhnt sind, mit denen uns die Schulmathematik vertraut machte. Die Meßeinheiten der Merkmale sind meist ungleich (Zentimeter, Meter, Kilometer), häufig sogar unvergleichbar (Sekunden, Meter, Grad Celsius). Die Merkmale sind oft nicht metrisch zu messen (Hautfarbe, Geschlecht, Vorhandensein eines bestimmten Wortes in einem Dokument).

Mathematiker betrachten deshalb Versuche mit Stirnrunzeln, Typologien und Klassifikationen durch quasi räumliche Darstellung zu veranschaulichen (vgl. Jardine und Sibson1971B). Trotzdem wollen wir in diesem Skriptum reichlich von diesen illustrativen Hilfsvorstellungen Gebrauch machen, da sie gerade jenen Lesern das Verständnis für die Logik der

Klassifikationsverfahren erleichtern, die in erster Linie an Fragen ihrer inhaltlichen Anwendung interessiert sind und sich mangels weitergehender mathematischer Vorbildung sonst nur schwer in die hier behandelten Probleme einarbeiten könnten.

1.3. Strukturierung des Merkmalraumes I: Künstliche und natürliche Typologien

Die Definition des Merkmalraumes wird durch Entscheidungen über die Bedeutsamkeit von Merkmalen bestimmt. Diese müssen ihrerseits auf irgendeine Weise aus der beabsichtigten Verwendung der gesuchten Typologie abgeleitet werden.

Der gleiche Gesichtspunkt kann auch bei der Strukturierung des Merkmalraumes vorherrschend sein. Die Gliederung des Merkmalraumes in Unterräume und die Zurechnung aller Elemente des gleichen Unterraumes zu einem Typus werden dann durch die Relevanz bestimmter Merkmalkombinationen bestimmt. Das Interesse kann sich auf einzelne Kombinationen konzentrieren, die voneinander isolierte Punkte im Merkmalraum beschreiben; es kann auch mehrere Merkmalkombinationen als gleichwertig, d.h. nicht unterscheidbar oder nicht unterscheidenswert erklären und damit mehrere Punkte des Merkmalraumes zusammenfassen. Inhaltlich "gleichwertige" Punkte des Merkmalraumes sind häufig benachbart und bilden einen zusammenhängenden Unterraum, manchmal liegen sie auch über den Merkmalraum verstreut.

Es werden also die Merkmale festgelegt, welche für die jeweilige Aussage als wichtig erscheinen. Wichtige Merkmalkombinationen werden von unwichtigen unterschieden und von den wichtigen Merkmalkombinationen alle jene zu Typen oder Klassen zusammengefaßt, welche im Rahmen der beabsichtigten

Aussagen als gleichwertig zu behandeln sind. Was wichtig und was gleichwertig erscheint, bleibt normativen Entscheidungen überlassen und enthält eine programmatische Aussage über den Gegenstandsbereich unseres Interesses. Typen der so definierten Art sagen deshalb weniger über die Wirklichkeit aus als über das Interesse ihrer Urheber (vgl. Ziegler 1973, S.37).

Damit ist weder sichergestellt noch u.U. auch nur beabsichtigt, daß die so definierten Typen in einer nennenswerten Anzahl von Elementen existieren. Andererseits ist es möglich, daß zahlreiche Elemente gerade in solche Unterräume fallen, die keinem der vorgesehenen Typen einer Typologie zugerechnet werden, weil die entsprechenden Merkmalkombinationen entweder "vergessen" oder bewußt als theoretisch irrelevant betrachtet wurden. Die auf solche Weise definierten Typologien nennt man deshalb "künstlich", die Typen entsprechend auch <u>künstliche Typen</u>.

<u>Natürliche Typen</u> werden demgegenüber nach Gesichtspunkten gebildet, bei denen die <u>Verteilung der Elemente im Merkmalraum</u> neben der theoretischen Relevanz der Merkmalkombinationen berücksichtigt wird oder sogar allein ausschlaggebend ist. Die Suche nach natürlichen Typen beruht stets auf der Annahme, daß die Elemente nicht gleichmäßig im Merkmalraum verteilt sind, sondern in einigen Unterräumen sehr "dicht" liegen und in anderen nur selten oder überhaupt nicht vorkommen. Natürliche Typen sind nach dieser Vorstellung dicht besetzte Zonen im Merkmalraum, die allseitig von dünn besetzten Zonen umgeben sind (vgl. Cattell und Coulter 1966, S.238 f).

Der Suche nach "natürlichen" Typen und speziell Klassen dienen die im Titel dieses Skriptums ausgewiesenen empirischen Verfahren zur Klassifikation. Ihre Anwendung ist technisch bei jeder beliebigen Datenlage möglich. Sinnvoll ist sie jedoch nur, wenn die Annahme ungleichmäßiger Verteilung der Elemente im Merkmalraum erfüllt ist. Allerdings liegen vor Abschluß des Klassifikationsverfahrens keine empirischen Informationen über die Richtigkeit dieser Annahme vor. Die Suche nach natürlichen Typen oder Klassen bedarf deshalb vorab einer theoretischen Begründung für die Annahme ungleichmäßiger Verteilung der Elemente. Kann nämlich diese Begründung nicht gegeben werden oder steht diese Annahme in keinem notwendigen Zusammenhang mit dem eigentlichen Untersuchungsziel, so ist die Anwendung eines Klassifikationsverfahrens mangels Interesse überflüssig.

Zusammenfassend ist festzustellen, daß nicht nur der Definition künstlicher Typologien, sondern auch der Suche nach natürlichen Typologien theoretische Zielsetzungen zugrunde liegen sollten. In beiden Fällen gleichermaßen wird das Forschungsinteresse zunächst durch die Definition des Merkmalraumes konkretisiert. Unterschiedlich werden Forschungsinteressen und andere Zielsetzungen dagegen bei der Gliederung des Merkmalraumes berücksichtigt.

Bei künstlichen Typologien wird das Interesse unmittelbar durch Benennung der relevanten Merkmalkombinationen eingebracht. Das verbürgt nicht die Vollständigkeit der Definition und auch nicht die Relevanz der Typologie. Diese kann sich also in der Zukunft als mehr oder weniger sinnvoll und/oder fruchtbar für die weitere Entwicklung des Forschungsbereiches erweisen. Der Urheber der künstlichen Typologie weiß jedoch, was die von ihm definierten Typen bedeuten und welche Rolle sie in seiner weiteren Arbeit spielen sollen.

Bei natürlichen Typologien fehlt dagegen die unmittelbare Beziehung zwischen theoretischer Zielvorstellung und der

Definition der Typen anhand ihrer Merkmalkombinationen. Trotz der scheinbaren Automatik einer bloßen Aufdeckung vorhandener, "natürlicher" Ungleichverteilungen[1] der Elemente muß der Forscher aber auch vor Beginn der Suche nach einer natürlichen Typologie wissen, wozu er sie verwenden will und auf welche Weise ihre Typen zu interpretieren sind. Wenn daraus die diskontinuierliche Verteilung der Elemente im Merkmalraum und darüber hinaus formale Eigenschaften dieser Verteilung, z.B. die Form der dicht besetzten Unterräume, abgeleitet werden können, so sind auch Kriterien für die Wahl eines Verfahrens gegeben, das eine Typologie mit Bedeutung für die angestrebten Zwecke liefert.

Wie Vorstellungen über die inhaltliche Verwendung der gesuchten Typologie und über die formalen Eigenschaften der Elemente im Merkmalraum miteinander zusammenhängen und welche Verfahren die adäquate Gliederung des Merkmalraumes bewirken, wird uns in dieser Arbeit ausführlich beschäftigen müssen.

1.4. Strukturierung des Merkmalraumes II: Monothetische und polythetische Typologien

Bislang wurde die Strukturierung des Merkmalraumes unter dem Gesichtspunkt behandelt, ob die unmittelbare theoretische Relevanz von Merkmalkombinationen oder die multivariate Verteilung der Elemente maßgebend für die Gliederung des Merkmalraumes ist. Im engen Zusammenhang damit steht eine zweite, für die Strukturierung des Merkmalraumes ebenfalls bedeutsame Frage: Welche Rolle sollen einzelne Merkmale bei der Gliederung des Merkmalraumes spielen? Wir wollen uns dabei vor allem auf das Problem konzentrieren, ob einzelne Merkmale <u>notwendige Bedingungen</u> für die Zurechnung eines Ele-

---

1) Man spricht auch von "Automatischer Klassifikation", vgl. Bock 1974.

mentes zu einem Typ darstellen. Wann Merkmale hinreichend zur Kennzeichnung eines Typs sind, erscheint demgegenüber als unproblematisch: In der Regel werden wir Elemente durch mehrere Merkmale sowie Unterräume durch Merkmalkombinationen, nicht durch einzelne Merkmale beschreiben wollen. Deshalb kann jedes dieser Merkmale allein auch keine hinreichende Bedingung für die Zugehörigkeit zu einem Typ darstellen.

Notwendig ist der Besitz eines bestimmten Merkmals (genauer: eines Merkmalswertes bzw. einer Merkmalsausprägung) für die Zugehörigkeit zu einem Typ, wenn aus dem Nicht-Besitz dieses einen Merkmals allein bereits die Nicht-Zugehörigkeit zum Typ folgt. Typologien dieser Art nennt man monothetisch. Ihre Typen sind dadurch gekennzeichnet, daß sämtliche zugehörigen Elemente gemeinsame Merkmalswerte tragen.

Ein Beispiel dafür ist z.B. der "Typus der Hauptgewinne" im Fußballtoto eines bestimmten Wochenendes. Nehmen wir zur Vereinfachung an, beim Toto sei nur der Ausgang von zwei (statt von 11) Spielen zu raten. Der Gewinn der jeweils erstgenannten Mannschaft wird durch eine 1, der Gewinn der anderen Mannschaft durch eine 2 und ein unentschiedener Ausgang durch eine 0 gekennzeichnet. Alle möglichen Wetten (Elemente) sind dann in einem zweidimensionalen Merkmalraum darzustellen, dessen Dimensionen (Merkmale) jeweils die zu ratenden Ergebnisse (Werte oder Ausprägungen) der beiden Spiele repräsentieren (s. Abb.2).

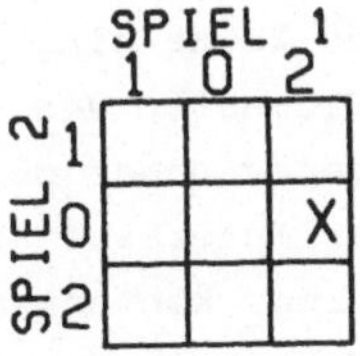

SPIEL 2 \ SPIEL 1	1	0	2
1			
0			X
2			

Abbildung 2: Merkmalraum zur Beschreibung des "Hauptgewinns"

Gewinnt im ersten Spiel die zweite Mannschaft (2) und endet das zweite Spiel unentschieden (0), so ist der Typ des Hauptgewinns durch den in der Abbildung 2 gekennzeichneten Punkt (X) im Merkmalraum beschrieben. Keines der beiden Merkmale ist allein hinreichend, beide Merkmale sind dagegen notwendig zur Kennzeichnung eines Elementes (Wette) als Hauptgewinn. Alle Elemente dieses Typs tragen damit gemeinsam die Merkmalswerte Spiel 1 = 2 und Spiel 2 = 0. Fehlt auch nur einer dieser beiden Merkmalswerte, so zählt die entsprechende Wette nicht zum Typ der Hauptgewinne.

Die Darstellung mag manchem Leser umständlich und mehr noch überflüssig erscheinen, zumal diese Art monothetischer Beschreibung von Typen unseren vorwissenschaftlichen Vorstellungen entspricht: Elemente des gleichen Typs dürfen nicht in jenen Merkmalen voneinander abweichen, die zur Definition des Merkmalraumes herangezogen wurden und damit zur Unterscheidung zwischen den Typen beitragen sollen. Bei näherer Prüfung erweist sich jedoch das sehr klare Konzept monothetischer Typen häufig als zu starke Vereinfachung und erfüllt unsere Forderungen an die Gruppierung von Elementen zu Typen nicht adäquat.

Das Konzept monothetischer wird deshalb um das Konzept

polythetischer Typologien ergänzt. Diese sind negativ dadurch gekennzeichnet, daß es keine einzelnen Merkmalswerte gibt, die notwendig allen Elementen des gleichen Typs gemeinsam sind. Nehmen wir wieder unser obiges Beispiel aus dem Fußballtoto. Statt unser Interesse auf den Typ des Hauptgewinnes zu konzentrieren, können wir auch eine vollständige Einteilung aller Wetten in die drei Klassen der Wetten mit keiner (A), einer (B) und zwei (C) richtigen Vorhersagen vornehmen. Klasse C entspricht dem Typ des Hauptgewinnes und ist monothetisch beschrieben. Auch die Klasse A mit keiner einzigen richtigen Vorhersage ist eine monothetische Klasse: Alle Wetten, die Spiel 1 nicht mit (1) oder (0) vorhersagen, gehören nicht in diese Klasse. Das gleiche gilt für alle Wetten, die Spiel 2 nicht mit (1) oder (2) vorhersagen.

Anders ist es bei Klasse B mit einer richtigen Vorhersage. Keine der möglichen Vorhersagen zum Spiel 1 oder 2 schließt für sich allein genommen eine Wette von der Zugehörigkeit zu dieser Klasse aus. Klasse B ist damit polythetisch beschrieben.

SPIEL 2 \ SPIEL 1	1	0	2
1	A1	A2	B1
0	B2	B3	C1
2	A3	A4	B4

Abbildung 3: Monothetische und polythetische Klassen

Polythetische Typen oder Klassen sind per definitionem nicht völlig homogen hinsichtlich der sie beschreibenden Merkmale. Die Variabilität der Merkmale geht allerdings nicht immer so weit wie in unserem Beispiel, in dem sich zwei Elemente der gleichen Klasse u.U. in sämtlichen (beiden) Merkmalen unterscheiden können (z.B. B1 und B2 in Abb.3). In der Regel wird man auch von polythetischen Typologien fordern wollen, daß die Elemente gleichen Typs eine wesentliche Anzahl gemeinsamer Merkmale besitzen und einzig darauf verzichten vorzuschreiben, in welchen Merkmalen Übereinstimmung bestehen soll[1].

1.5. Ursprünglicher Merkmalraum und abgeleiteter Klassifikationsraum

Manchem Leser sind vielleicht bei der bisherigen Darstellung Zweifel gekommen, ob das Konzept des Merkmalraumes immer die Vorstellung von der Ordnung der Elemente zu Typen erleichtert. Setzt doch die Veranschaulichung der "Ähnlichkeit" von Elementen durch ihre räumliche Nähe voraus, daß die Typen durch Merkmalkombinationen definiert werden, die zusammenhängende Unterräume beschreiben. Bei künstlichen Typologien kann jedoch, wie wir gesehen haben, das theoretische Interesse auch verstreut im Raum liegende Punkte als gleichwertig erklären und demselben Typ zuordnen. Die räumliche Nähe der Elemente besagt dann nichts mehr über ihre Zugehörigkeit zu gleichen oder zu verschiedenen Typen.

---

1) Eine in der Literatur verbreitete Definition polythetischer Typen geht auf Beckner (1959) zurück und lautet sinngemäß wie folgt (vgl. Bailey 1973, S.21): Polythetische Typen werden derart durch eine Menge von Merkmalen bestimmt, daß
(1) jedes Element eines Typs eine größere Anzahl der einen Typ bestimmenden Merkmale besitzt,
(2) jedes der einen Typ bestimmenden Merkmale von einer größeren Zahl von Elementen "besessen" wird,
(3) der Besitz keines dieser Merkmale von jedem Element gefordert wird.

Sehen wir uns daraufhin nochmals das Beispiel aus dem vorangehenden Abschnitt an. Der Merkmalraum der vereinfachten Fußballwetten war als Neun-Felder-Tafel dargestellt (s. Abb.3) und über diesem Raum eine künstliche Klasseneinteilung definiert worden. Räumliche Nähe und "Ähnlichkeit" der Elemente haben nach dieser Darstellung nichts miteinander zu tun. Wir wollen nun aus der Zielsetzung der Klasseneinteilung ableiten, welche Eigenschaften des ursprünglichen Merkmalraumes bei der Gruppierung der Elemente vernachlässigt wurden und suchen nach einem neuen, "abgeleiteten" Raum, in dem Elemente der gleichen Klasse durch geringe und Elemente unterschiedlicher Klassen durch große Abstände voneinander getrennt sind.

Jede Dimension des ursprünglichen Merkmalraums ist durch eine Ordnung aller möglichen Spielausgänge gekennzeichnet. Die Reihenfolge der Zeilen und Spalten spiegelt die Vorstellung wider, daß zwischen den beiden möglichen Spielausgängen "Sieg der Mannschaft 1" und "Sieg der Mannschaft 2" ein größerer Unterschied bestünde als zwischen den beiden Spielausgängen "Sieg der Mannschaft 1" und "unentschieden". Unter den sportlichen Gesichtspunkten des Wettkampfes ist diese Vorstellung sicher nicht unberechtigt. Die Klassifikation der Wetten folgte jedoch anderen Gesichtspunkten: Nach einem angenommenen Spielausgang "Sieg der Mannschaft 2" (2) wurde <u>nicht</u> unterschieden zwischen der "völlig falschen" Vorhersage (1) und der dem richtigen Ergebnis "etwas näheren Vorhersage" (O): Beide Vorhersagen wurden ohne Notwendigkeit zu weiterer Unterscheidung als gleichermaßen falsch betrachtet.

Unter Verzicht auf diese Informationen, die für die Zielsetzung der Klassifikation überflüssig sind, kann also durch Vertauschen und Zusammenfassen von Zeilen und Spalten ein etwas einfacherer Merkmalraum abgeleitet werden (s. Abb.4 A - C).

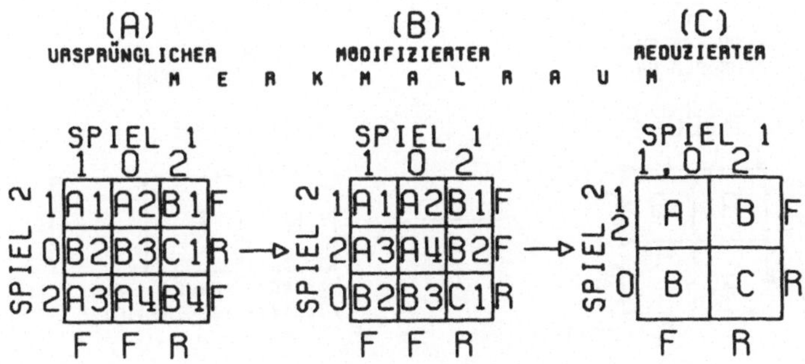

Abbildung 4: Reduktion des Merkmalraumes

Auch dieser vereinfachte Merkmalraum ist jedoch noch nicht auf das unbedingt Nötige reduziert. Unter der gegebenen Zielsetzung der Klassifikation von Fußballwetten nach der Zahl richtiger Vorhersagen ist bedeutsam, ob ein Spiel richtig oder falsch vorhergesagt wird, nicht jedoch, um welches Spiel es sich jeweils handelt. Die Darstellung der Wetten in einem Merkmalraum, dessen Dimensionen durch die einzelnen vorherzusagenden Spiele dargestellt werden, ist deshalb ebenfalls redundant. Für das Klassifikationsziel ist es völlig ausreichend, die Wetten entsprechend der Zahl richtiger Vorhersagen in einem Raum mit nur einer Dimension darzustellen. Dieser Raum wird nicht mehr von den ursprünglichen Merkmalen aufgespannt, sondern von einem Konstrukt dieser Merkmale. Das Konstrukt enthält nur noch jenen Teil der Information der ursprünglichen Merkmale, der im Sinne des Klassifikationszieles bedeutsam ist (s. Abb.5). Den neu entstandenen Raum wollen wir zur Unterscheidung vom ursprünglichen Merkmalraum "Klassifikationsraum" nennen. Diese und andere Formen der Reduktion des Merkmalraumes werden ausführlich von A.H. Barton (1955, S.45 ff) behandelt.

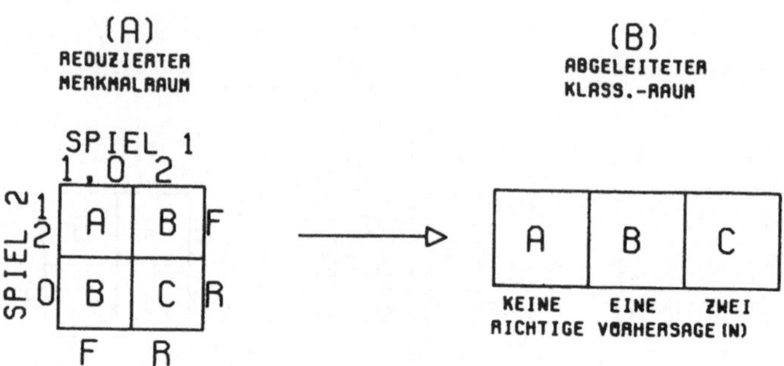

Abbildung 5: Merkmalraum und Klassifikationsraum

1.6. Zielsetzungen bei der Bildung von Typologien

Die Bildung von Typologien haben wir als die Strukturierung einer Menge von Elementen kennengelernt. Die Einzelelemente werden dabei vereinfachend in relativ wenige Typen bzw. Klassen sortiert. Die Vereinfachung besteht vor allem darin, daß anstatt zwischen den (vielen) Elementen nur noch zwischen den (relativ wenigen) Typen unterschieden werden muß.

Häufig ist man jedoch nicht mit dieser Vereinfachung zufrieden, sondern versucht, die Typen in einen systematischen Zusammenhang zu bringen. In der biologischen Taxonomie geschieht dies z.B. durch die hierarchische Verknüpfung mehrerer Klassifikationen. Die Klassifikation erster Stufe ordnet dabei alle Exemplare (Tiere, Pflanzen) nach dem Gesichtspunkt enger Verwandtschaft in Arten; die Klassifikation zweiter Stufe faßt die verwandten Arten zu Familien zusammen usf. (s. Abb.6).

Die Beziehungen zwischen den Klassen einer Stufe werden da-

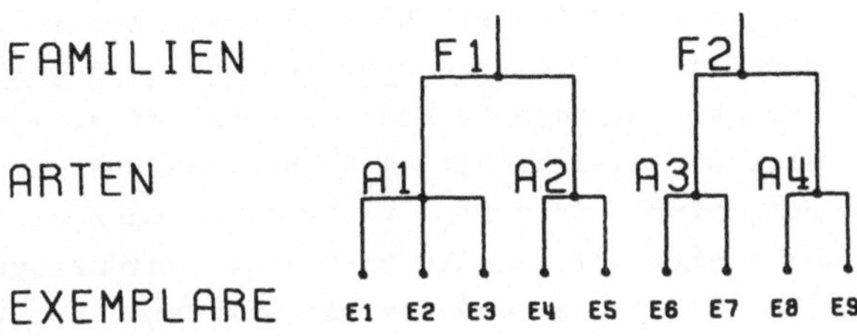

Abbildung 6: Hierarchische Klassifikation

bei _indirekt_ durch ihre gemeinsame Zugehörigkeit zu Klassen einer höheren Stufe bestimmt. In anderen Gegenstandsbereichen und zu anderen Zwecken erweist es sich häufig als wünschenswert, durch eine Ordnungsrelation zwischen den Typen oder Klassen eine _direkte_ Beziehung herzustellen (vgl. Hempel 1965, S.87 f; Ziegler 1973, S.16). In den Wirtschafts- und Sozialwissenschaften geschieht das häufig nicht durch die Definition einer größeren Anzahl von Typen und einer Ordnungsrelation zwischen jedem möglichen Paar aus zwei Typen. Statt dessen werden von vornherein nur zwei extreme Typen definiert und die einzelnen Elemente ohne feste Zuweisung zu einem bestimmten Typ _zwischen diesen beiden Extremen geordnet_.

Wir wollen auch dieses wieder am Beispiel des Fußballtotos demonstrieren. In Abbildung 7 sind die in der BRD üblichen "11er-Wetten" nach der Zahl richtiger Vorhersagen in einem abgeleiteten Klassifikationsraum mit 12 Punkten geordnet. Die geltenden Wettregeln teilen diesen "Raum" in drei Gewinnklassen und in eine Restklasse der gewinnlosen Wetten. Statt der Zuweisung jedes Punktes des Klassifikationsraumes zu genau einer Klasse könnten wir aber unter Betonung des relativen Prognoseerfolges auch zwei Punkte des Raumes als Typen hervorheben: Einmal den Punkt, welcher Wetten mit keiner einzigen richtigen Vorhersage und jenen anderen

Punkt, welcher Wetten mit ausschließlich (d.h. 11) richtigen Vorhersagen kennzeichnet. Die einzelnen Wetten sind nun entsprechend ihrer größeren oder geringeren Zugehörigkeit (Nähe) zu den extremen Punkten zwischen diesen geordnet. Eine Wette mit zwei richtigen Vorhersagen ist damit dem Punkt "vollständig falscher" Vorhersagen sehr viel näher als dem Punkt "vollständig richtiger" Vorhersagen. Das Umgekehrte gilt für eine Wette mit etwa acht richtigen Vorhersagen.

EXTREMTYP
'SCHLECHTE VORHERSAGE'

EXTREMTYP
'GUTE VORHERSAGE'

OHNE GEWINN

3. RANG | 2. RANG | 1. RANG

0 1 2 3 4 5 6 7 8 9 10 11

ZAHL DER RICHTIGEN VORHERSAGEN

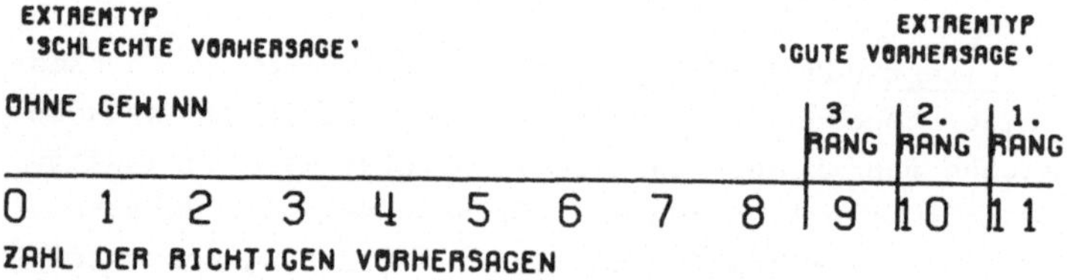

Abbildung 7: Extremtypen und klassifikatorische Typen

Typologien können also der Gruppierung der Elemente in gleich- und ungleichartige Elemente dienen oder die Elemente zwischen Extrempunkten in eine Ordnung bringen. Entsprechend unterscheidet C.G. Hempel (1965) in einer zusammenfassenden Arbeit über verschiedene Spielarten der Typologie zwischen klassifikatorischen Typen und Extrem-Typen; den ersten werden Elemente entweder "ganz oder gar nicht" zugeordnet; letzteren können Elemente in größerem oder geringerem Maße zugehören[1].

---

1) Der in der sozialwissenschaftlichen Literatur verwandte Begriff des Idealtypus wird leider mit sehr unterschiedlicher Bedeutung verwandt. Soweit damit nicht theoretische Systeme (Hempel 1965), sondern Merkmalkombinationen gemeint sind, wird der Begriff Idealtyp häufig in gleicher Bedeutung wie der Begriff Extremtyp verwandt.

Zu den Extremtypen muß noch bemerkt werden, daß sie nur selten über dem ursprünglichen Merkmalraum definiert werden können. Um eine Vergleichbarkeit der Elemente zu ermöglichen und sie in eine Ordnung zu bringen, bedarf es ihrer Abbildung in einen abgeleiteten Klassifikationsraum mit möglichst nur einer Dimension. Diese Abbildung der Elemente aus dem ursprünglichen Merkmalraum in einen abgeleiteten Klassifikationsraum mit dem Ziel der Definition einer zumindest partiellen Ordnung der Elemente entspricht im übrigen genau dem, "was in den Sozialwissenschaften unter dem Stichwort 'Konstruktion von Indizes' abgehandelt wird" (Ziegler 1973, S.15).

1.7. Verwendungszwecke für Typologien

Die Verwendungszwecke für Typologien sind von zahlreichen Autoren mit unterschiedlichen Akzenten beschrieben worden. Eine gewisse Übereinstimmung besteht darüber, daß Typologien nicht "auf Vorrat" zu irgendeiner späteren Verwendung zu bilden sind (vgl. Ziegler 1973, S.39), sondern auf bestimmte Zwecke hin konstruiert werden (McKinney 1966, S.3).

Die wichtigste, wenngleich nicht einzige und häufigste Verwendung von Typologien ist die Kennzeichnung der Objekte unseres besonderen Interesses. Typen benennen in diesem Falle Gegenstandsbereiche, über die etwas ausgesagt werden soll: So werden z.B. Elementen eines Typs gemeinsam eine bestimmte Herkunft in genetischer, kunstgeschichtlicher und kultureller Hinsicht, bestimmte Verhaltensweisen, bestimmte künftige Entwicklungen zugeschrieben.

Beispiele:

. "Führungsstile" wurden als Typen komplexer Verhaltensweisen ("Elemente") definiert, die durch zahlreiche Verhaltensmerkmale beschrieben sind. Besonders bekannt geworden ist die (künstliche) Typologie der "autoritären, demokratischen und laissez-faire-" Führung durch Kurt Lewin und seine Mitarbeiter 1). Die Definition der Verhaltenstypen geschah mit dem Ziel, ihre Wirkung auf die Gruppen zu untersuchen.

Personen wurden anhand kommunikativer Kontakte mit bzw. Präferenzen für andere(n) Personen, gemessen an soziometrischen Wahlen (Merkmale), in Cliquen (Typen) geordnet. Dies geschah u.a. mit dem Ziel, den Prozeß der Bildung einheitlicher Normen innerhalb von Personengruppen mit persönlichem Kontakt der Mitglieder zu beschreiben 2).

Für künstliche Typologien versteht sich der Bezug auf die inhaltliche Zielsetzung ihres Urhebers von selbst. Bei natürlichen Typen verschieben sich die Akzente: Hier gewinnt die empirische Verteilung der Elemente größeres Gewicht. Trotzdem können auch mit natürlichen Typologien die Gegenstandsbereiche besonderen Interesses umschrieben werden: Zunächst wie bei künstlichen Typologien durch die Definition des Merkmalraumes und gegebenenfalls einer von den inhaltlichen Zielen der Typologie bestimmten Vorschrift zur Abbildung der Elemente aus dem Merkmalraum in einen abgeleiteten Klassifikationsraum. Während sich bei künstlichen Typologien das Forschungsinteresse jedoch darüber hinaus auch unmittelbar durch die Kennzeichnung relevanter Merkmalkombinationen niederschlägt, ist eine entsprechende Gestaltung der Typen anhand des Forschungsinteresses bei natürlichen Typologien nur indirekt über die Wahl eines geeigneten Klassifikationsverfahrens möglich.

---

1) Vgl. R. White und R. Lippitt, Leader Behavior and Member Reaction in Three 'Social Climates', in: D. Cartwright und A. Zander (Hrsg.), Group Dynamics. Research and Theory, 2. Aufl., Evanston, Ill. 1960, S.527-553.

2) Vgl. u.a. L. Festinger, S. Schachter und K. Back, Matrix Analysis of Group Structures, in: P.F. Lazarsfeld und M. Rosenberg (Hrsg.), The Language of Social Research, Glencoe, Ill. 1955, S. 358 ff .

Neben dieser u.E. wichtigsten Verwendung von Typologien gibt es eine Reihe anderer, bei denen die spätere Verwendung in Aussagen zwar vorgesehen, aber zum Zeitpunkt der Typenbildung nur in Umrissen festgelegt ist oder bei denen rein pragmatische Gesichtspunkte einer effizienten Informationsdarstellung die Verwendungsabsicht prägen.

R.W. Cattell und M.A. Coulter (1966, S.240) schlagen z.B. vor, Aussagen über Zusammenhänge zwischen Variablen getrennt innerhalb verschiedener, natürlicher Typen zu prüfen. Diese Vorgehensweise bleibt bewußt theoretisch defizitär: Es wird vermutet, daß sich Zusammenhänge zwischen Variablen innerhalb der Untermenge aller Elemente eines Typs anders darstellen als in der Gesamtheit. Aber dieser Verdacht, der sich auf die Existenz von Kontext- oder Systemeffekten richtet, kann (noch) nicht spezifiziert werden. So beruht diese Vermutung auf der Hoffnung, daß die unbekannten und für die Systemeffekte verantwortlichen Merkmale innerhalb der Typen konstant und zwischen den Typen variabel sind. Wird diese Hoffnung erfüllt, so ist mit den von Typ zu Typ unterschiedlichen Zusammenhängen zwischen den Variablen zwar ein Hinweis auf die Existenz irgendwelcher einflußreicher Drittfaktoren gegeben; es bleibt jedoch immer noch die <u>Identifikation</u> dieser Drittfaktoren durch nachträgliche(!) Bedeutungsanalyse der Typen zu leisten.

<u>Beispiele:</u>

- F.E. Fiedler[1)] hat eine Fülle von Untersuchungen über die Beziehungen zwischen den LPC-Skalen (Least Preferred Coworker) von Vorgesetzten oder Gruppenführern und der Leistung der jeweiligen Gruppen analysiert. "Inkonsistente" Ergebnisse der Untersuchungen versucht er durch die Einführung zunächst nicht berücksichtigter Drittfaktoren zu erklären. Eine typologische Ordnung der Untersuchungen (Elemente) nach den Merkmalen (a) Beziehung zwischen

---

1) F.E. Fiedler, A Theory of Leadership Effectiveness, New York u.a. 1967.

Führungsperson und Gruppe, (b) Positionsmacht der Führungsperson und (c) Strukturierungsgrad der jeweils zu erfüllenden Aufgabe hatte den Erfolg, daß innerhalb jedes "Typs" die o.g. Variablen konsistent korrelieren. Fiedler nimmt dies zum Ausgangspunkt für die Entwicklung einer die ursprünglich "inkonsistenten" Ergebnisse umfassenden Theorie.

- Zur Auswahl von Testmärkten wurden nordamerikanische Städte (vgl. Green, Frank und Robinson 1967) anhand zahlreicher, für die Werbe- und Absatzsituation mutmaßlich wesentlicher Eigenschaften klassifiziert. Das Ziel der (natürlichen) Klassifikation war, Klassen von Städten mit jeweils gleichen Absatzbedingungen zu finden und pro Klasse nur noch eine Stadt (Testmarkt) zu untersuchen.

Einige Beispiele für mehr pragmatisch bestimmte Verwendungen von Typologien diskutiert Ziegler (1973, S.36 ff). Natürliche Typologien werden zur effizienten Kennzeichnung merkmalsgleicher Elemente verwendet. Die Verwendung relativ weniger Typennamen anstelle von Merkmalkombinationen vermindert dabei den Kennzeichnungsaufwand u.U. erheblich. Auch die Kennzeichnung nur merkmalsähnlicher Elemente durch einen gemeinsamen Typennamen vermindert den Kennzeichnungsaufwand wegen der geringeren Zahl der benötigten Typennamen, führt aber bei der Zuordnung von bzw. der Suche nach den Elementen (Datenrückgewinnung) zwangsläufig zu einer gewissen Anzahl von Fehlern: Der Typ bezeichnet neben den richtigen (gesuchten) Elementen auch einige falsche Elemente; umgekehrt sind einige der gesuchten Elemente anderen Typen zugeordnet und werden deshalb nicht gefunden.

Diese, vor allem an den "Rändern" unscharfe (Lazarsfeld 1959, S.477) Kennzeichnung der Elemente eines Typs wird bewußt auch bei solchen Aufgaben in Kauf genommen, die Ziegler (1973, S.37) als "Konfektionsprobleme" bezeichnet und bei denen es darum geht, "eine <u>beschränkte</u> Anzahl alternativer Programme oder Strukturen zu entwickeln, die einer gegebenen Menge von Objekten und deren Merkmalsverteilungen" am besten entsprechen."

Beispiele:

- Bei der Produktion von Kleidungsstücken kommt es darauf an, mit möglichst wenigen Konfektionsgrößen passende Stücke für möglichst viele Personen herzustellen (vgl. Ziegler 1973).

- Kandidaten, z.B. für die Vertretung eines Wahlkreises im Landtag, können anhand der Aussagen der Wähler (bzw. einer Wahrscheinlichkeitsauswahl derselben) in diesem Wahlkreis über ihre Kenntnis der Namen der Kandidaten, ihrer bisherigen Leistungen oder der Präferenz für den einen oder anderen Kandidaten (Merkmale) in eine (natürliche) typologische Ordnung gebracht werden. Die sich zum Teil überlappenden Typen geben Aufschluß, in welchen Bevölkerungsgruppen die Kandidaten als Konkurrenten und in welchen als 'Monopolisten' auftreten.

Bei fast allen diesen Problemen effizienter Kennzeichnung der Elemente ist die Suche nach einer geeigneten Typologie oder Klassifikation nur der erste Lösungsschritt, der ergänzt werden muß durch Regeln für die Zuordnung neuer Elemente zu den einmal definierten Typen oder Klassen. Dabei geht es erstens um die Suche nach möglichst wenigen Schlüsselmerkmalen, die eine effiziente Zuordnung eines Elements zu einem Typ erlauben. Zweitens geht es um die möglichst fehlerfreie Zuordnung der Elemente zu Typen anhand der Schlüsselmerkmale, was vor allem unter dem Stichwort "Diskriminanzanalyse" und (leider manchmal auch unter dem Stichwort "Klassifikation"[1]) behandelt wird.

Zahlreiche weitere Beispiele für die Verwendung von Typologien oder speziell Klassifikationen auf verschiedenen Gebieten geben u.a. G.H. Ball und H.P. Friedman (1968), W.D. Fischer (1969), F. Vogel (1973) und R. Ziegler (1973).

---

1) Vgl. z.B. Ph.G. Rulon u.a., Multivariate Statistics for Personnel Classification, New York 1967.

1.8. Die Suche nach natürlichen Typologien

In den vorangehenden Abschnitten haben wir Grundgedanken zum allgemeinen Verständnis der Bildungsprinzipien sowie der Zwecke von Typologien dargestellt und einige Gemeinsamkeiten sowie Unterschiede zwischen künstlichen und natürlichen Typen aufgezeigt. Die Suche nach natürlichen Typologien folgt der Verteilung der Elemente im Merkmalraum bzw. in einem daraus abgeleiteten Klassifikationsraum, wobei die Abgrenzung der Typen voneinander durch die ungleiche multivariate Verteilung der Elemente im Raum (Diskontinuität)bestimmt wird. Die Suche nach natürlichen Typologien ist nur sinnvoll, wenn solche Diskontinuitäten von vornherein angenommen werden können oder angenommen werden sollen. Ohne ihre theoretische oder pragmatische Begründung ist die Suche nach natürlichen Typologien nur schwer zu rechtfertigen.

Beispiele:

- Ein Beispiel für eine theoretische Begründung der diskontinuierlichen Verteilung der Elemente finden wir in der biologischen Taxonomie. Die Suche nach natürlichen Klassifikationen von Pflanzen oder Tieren anhand ihres Erscheinungsbildes (Phänotyp) kann sich auf die Theorie stützen, daß Arten als die Fortpflanzungsgemeinschaften durch Vererbung bei ihren Exemplaren (Elementen) ein Bündel gemeinsamer Merkmale schaffen und daß es wegen der nur ausnahmsweisen Kreuzung zwischen den Exemplaren unterschiedlicher Arten keine gleitenden Übergänge zwischen den Arten gibt.

- Ein Beispiel für eine mehr pragmatische Begründung der Annahme diskontinuierlicher Verteilung von Elementen ist der Medizin zu entnehmen:
  Verschiedene Krankheiten sollten sich anhand ihrer Symptome deutlich voneinander unterscheiden. Tun sie es jedoch nicht, gibt es also gleitende Übergänge zwischen den Symptombündeln unterschiedlicher Krankheiten, so ist damit die Gefahr von Fehldiagnosen aufgezeigt und die Notwendigkeit zur Entwicklung schärferer Trennverfahren gegeben. Mit anderen Worten: Die Menge der solche verwechselbaren Krankheiten beschreibenden Merkmale muß so definiert werden, daß sich eine möglichst klare Abgrenzung der Krankheit ergibt.

Nun gehört die theoretische oder pragmatische Begründung einer ungleichen Verteilung in den Bereich der Untersuchungsplanung; ganz andere Fragen ergeben sich bei der Durchführung des Klassifikationsverfahrens: Sind die untersuchten Elemente tatsächlich ungleich, im Merkmalraum verteilt? Wie deutlich heben sich die als Punktwolken (Ihm 1965) im Merkmal- oder Klassifikationsraum dargestellten Typen voneinander ab? Sind die gegebenen Daten i.S. der Zielvorstellungen überhaupt klassifizierbar? Dazu zunächst wieder einige illustrative Beispiele, bei denen wir zur Vereinfachung annehmen, daß der Klassifikationsraum nur aus einer Dimension besteht.

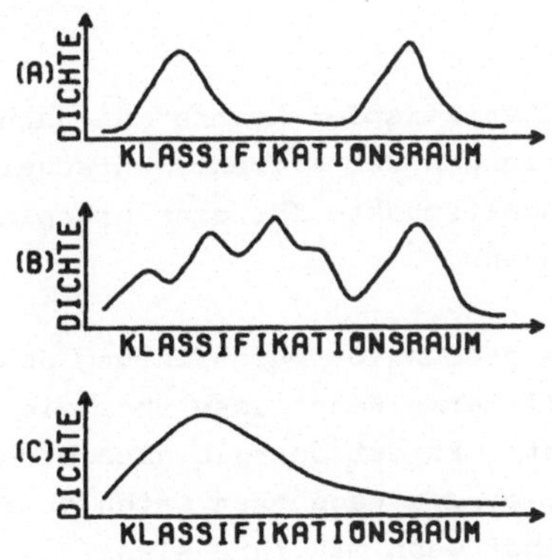

Abbildung 8: Verteilungen der Elemente im Klassifikationsraum

Abbildung 8A zeigt eine für das Konzept einer natürlichen Typologie fast ideale Datenlage: Die Elemente sind in zwei voneinander relativ weit entfernten Regionen des Raumes konzentriert. Die Abstände zwischen den Elementen einer dicht besetzten Region sind relativ klein gegenüber den Abständen zwischen Elementen aus zwei verschiedenen dieser Regionen. Die Verteilung der Elemente liefert damit unmittelbar Hinweise auf die Art, Lage und Ausdehnung natürlicher Typen. Auch die in Abbildung 8B dargestellte Verteilung der Elemente läßt ihre Gruppierung in Typen möglich erscheinen. Allerdings ist nicht offensichtlich, wo im einzelnen die Grenzlinien "natürlicher" Typen anzusetzen sind. Die Verteilung in Abbildung 8C schließlich liefert keinerlei Anhaltspunkte für die Annahme einer natürlichen Typologie. Jede Grenzziehung wäre hier willkürlich, was nicht bedeuten muß, daß jede willkürliche bzw. "künstliche" Gliederung der Elemente theoretisch irrelevant ist (vgl. auch Ball 1970, S.21 ff).

In diesem sehr einfachen Beispiel konnte man nach Inspektion der Häufigkeitsverteilungen der Elemente entscheiden, ob sich aus der Verteilung Anhaltspunkte für eine Gruppierung der Elemente gewinnen lassen:

Im allgemeinen fehlen jedoch vor Durchführung des Klassifikationsverfahrens detaillierte Kenntnisse über die multivariate Verteilung der Elemente. Es ist deshalb auch nicht ohne weiteres zu entscheiden, ob die gegebenen Daten überhaupt klassifizierbar sind. Selbst wenn man ihre Klassifizierbarkeit voraussetzt, bleibt es außer bei sehr klarer Trennung der Klassen wie z.B. in Abbildung 8A unklar, wie der Klassifikationsraum im Einklang mit der "natürlichen Ungleichverteilung" der Elemente gegliedert werden soll. So enthält eine Verteilung der Elemente, wie sie in Abbildung 8B dargestellt ist, zwar einige besonders 'dicht' und andere relativ 'dünn' besetzte Zonen, doch läßt sich daraus noch nicht eindeutig auf eine bestimmte, natürliche Einteilung schließen. Der Raum in Abbildung 9 (entsprechend Abb. 8B) könnte bei S4 in zwei Unterräume geteilt werden. Dieser Schnittpunkt führt zu einer besonders guten Trennung der beiden Klassen, da an dieser Stelle relativ wenige Elemente im Grenzbereich liegen. Dafür wird jedoch eine der beiden Klassen sehr heterogen, da ihre Elemente über einen weiten Bereich (PO - S4) streuen. Wollte man dies auf Kosten der Trennschärfe vermeiden, so wäre vielleicht eine Teilung des Raumes bei S3 oder S2 statt S4 besser. Oder man könnte den Raum in drei oder in vier Klassen teilen, z.B. bei den Punkten S2 und S4 bzw. bei S1, S2 und S4. In jedem Falle wird auf irgendeine Weise ein Abwägen der Vor- und Nachteile alternativer Einteilungen und eine Entscheidung über die bevorzugte Einteilung erforderlich.

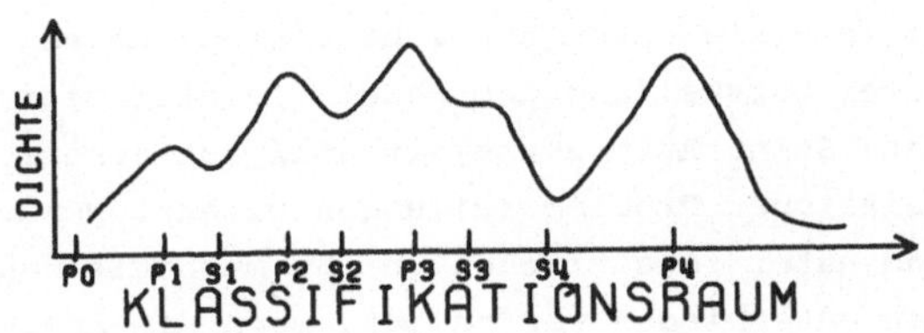

Abbildung 9: Alternative Einteilungen des Merkmalraumes

Mangels eindeutiger natürlicher Ordnung der Elemente werden sich solche Entscheidungen an den 'wünschenswerten' formalen Eigenschaften der gesuchten Typologie orientieren müssen. Was im einzelnen zu den wünschenswerten Eigenschaften gehört, kann dabei nur aus dem angestrebten Zweck der Typologie abgeleitet werden. Eine hinreichende Beschreibung dieser Eigenschaften gehört deshalb zu den wichtigsten Voraussetzungen einer sinnvollen Suche nach einer Typologie. Wie aber sollen diese Eigenschaften spezifiziert, wie aus den inhaltlichen Problemstellungen abgeleitet werden?

Die Klassifikations-Literatur gibt weder klare noch einfache Antworten auf die Frage. In dieser Arbeit werden wir versuchen, sie indirekt zu beantworten: Wir werden zeigen, an welchen Stellen der Verfahren zwangsläufig Entscheidungen getroffen werden, mit denen Eigenschaften der gesuchten Typologie beschrieben und damit das Ergebnis der Suche nach einer Ordnung teilweise vorherbestimmt wird. Und wir werden beschreiben, welche Konsequenzen diese Entscheidungen für die formale Struktur der resultierenden Ordnung haben.

Dem an der Lösung inhaltlicher Probleme interessierten Leser wird damit keineswegs die Entscheidung über die Zielsetzung der Suche nach einer Ordnung seines Gegenstandsbereichs abgenommen. Diese Entscheidung muß er selbst treffen, indem er die hier aufgezeigten Strukturen in seinen inhaltlichen Problemstellungen wiederzuerkennen sucht oder indem er feststellt, inwiefern sie davon abweichen. Statt dessen wollen wir mit unserer Darstellung dem Leser 'Identifizierungshilfen' geben: Seine Aufmerksamkeit soll auf jene formalen Aspekte inhaltlicher Problemstellungen gelenkt werden, über die vorab und unter inhaltlichen, nicht methodischen Gesichtspunkten entschieden werden muß, wenn die Anwendung von Klassifikationsverfahren einen angebbaren Sinn bei der Lösung seiner Probleme haben soll.

In den folgenden Kapiteln werden

- mit der Wahl der Merkmale, anhand derer die Ordnung der Elemente erfolgen soll (Kapitel 2),
- mit der Wahl des jeweiligen Konzeptes zur Beschreibung der Ähnlichkeit bzw. Unähnlichkeit zwischen Elementen anhand aller Merkmale (Kapitel 3) und
- mit verschiedenen Formen der Ordnung der Elemente anhand ihrer Merkmale oder der paarweisen Ähnlichkeiten (Kapitel 4)

drei wichtige Entscheidungsbereiche bei der Wahl eines Klassifikationsverfahrens dargestellt. Um dem Leser den ersten

Überblick (und die spätere Identifikation entsprechender Strukturen in seinen inhaltlichen Problemstellungen) zu erleichtern, werden die drei Bereiche in dieser Arbeit strikt getrennt: So behandeln wir z.B. im Kapitel 2 verschiedene "Defekte" des Merkmalraums gegenüber dem anschaulichen Raum. Mit dem Ende des Kapitels nehmen wir jedoch für alle folgenden Darstellungen an, daß diese Defekte beseitigt und die Elemente in einem euklidischen Raum dargestellt sind. Klassifikationsverfahren gehen dagegen oft andere Wege und lösen verschiedene der hier zur Vereinfachung isoliert behandelten Probleme "in einem Zuge".

Die vorliegende Arbeit beschränkt sich auf die grundlegenden Problemstellungen und Lösungsverfahren. Einen weitgehend vollständigen, aber sehr knappen Überblick über die weiterführende Literatur gibt R.M. Cormack (1971). Eine unserer Kenntnis nach umfassende Darstellung verschiedener Verfahren stammt von H.H. Bock (1974)[1]. Das Hauptgewicht liegt dabei auf der präzisen Darstellung der mathematischen Grundlagen. Eine ebenfalls sehr umfangreiche Darstellung der wichtigsten Klassifikationsverfahren mit einer Fülle von Literaturhinweisen gibt F. Vogel (1973)[2]. Die Arbeit zeichnet sich durch einen stärkeren Anwendungsbezug aus und legt besonderes Gewicht auf den Vergleich der Leistungsfähigkeit verschiedener Verfahren.

---

1) Die Arbeit von H.H. Bock erschien nach Abschluß des Manuskripts. Hinweise darauf konnten nur nachträglich an wenigen Stellen aufgenommen werden.

2) Die Arbeit von F. Vogel ist z.Zt. noch nicht im Druck, weshalb statt Seitenzahlen jeweils Abschnittsnummern angegeben werden. Voraussichtlicher Erscheinungstermin: 1974/75.

2. Darstellung der Elemente im Merkmalraum

Im vorangehenden Kapitel haben wir einige Gesichtspunkte kennengelernt, die bei der Darstellung der Elemente im Merkmalraum und seiner Gliederung in Unterräume wesentlich sind: die Definition des Merkmalraumes durch Festlegung der Merkmale unseres Interesses; die Gliederung dieses Raumes nach vorwiegend theoretischer Relevanz oder aufgrund der Verteilung der Elemente; die monothetische oder polythetische Beschreibung der Unterräume. Wir hatten uns dabei auf einige Grundgedanken beschränkt und viele Fragen offen gelassen, die wir jetzt genauer untersuchen müssen. So hatten wir z.B. stets von "Merkmalen" gesprochen und nicht gefragt, welcher Art die Merkmale sind und auf welchem Meßniveau sie erhoben wurden. Entsprechend hatten wir auch unberücksichtigt gelassen, welche formalen Eigenschaften Merkmalräume haben, die durch Merkmale unterschiedlichen Meßniveaus aufgespannt werden, unter welchen Bedingungen und inwieweit unsere Vorstellungen von einem euklidischen Raum auf Merkmalräume übertragbar sind, und welche Konsequenzen sich aus "Defekten" der Merkmalräume bei Aussagen über die räumliche Anordnung der Elemente ergeben.

In den folgenden Abschnitten werden wir zunächst genauer fassen, auf welche Weise die Elemente durch Merkmale beschrieben werden können und wie diese Information dargestellt werden soll. Wir werden uns sodann mit den beabsichtigten und unbeabsichtigten Konsequenzen der Auswahl von Merkmalen befassen und schließlich einige spezifische Probleme behandeln, die bei der Wahl von Merkmalen mit bestimmten Meßniveaus entstehen.

2.1. Darstellung der Merkmalsinformation

2.1.1. Datenmatrix

Die Gesamtheit der Information, die einer Typologie zugrunde gelegt werden soll, wird in der sogenannten Datenmatrix dargestellt: für N Elemente sind jeweils M Merkmale gegeben. Für jedes Element reservieren wir eine Zeile, für jedes Merkmal eine Spalte der Datenmatrix (vgl. Benninghaus 1974, S.16 ff). Die Zeilennummer, welche gleichzeitig Identifikationsnummer des zugehörigen Elements ist, bezeichnen wir allgemein mit dem Buchstaben i (i = 1, 2, ..., N); die Spaltennummer bzw. die Identifikationsnummer des jeweiligen Merkmals nennen wir entsprechend j (j = 1, 2, ..., M). Im Schnittpunkt der i-ten Zeile und der j-ten Spalte wird die Ausprägung des Merkmals j für das Element i eingetragen. Einen Überblick über die Notation gibt Tabelle 1. Die Festsetzung der Symbole ist an sich völlig willkürlich und wurde in der Literatur nicht einheitlich geregelt[1)]. Sie legt Schreibkonventionen, nicht aber Inhalte fest. Was Element und was Merkmal sein soll, muß durch das jeweilige Forschungsinteresse bestimmt werden.

Tabelle 1: Datenmatrix

Element	Merkmal						
	1	2	.	.	j	.	.	M
1	x_{11}	x_{12}	.	.	x_{1j}	.	.	x_{1M}
2	x_{21}	x_{22}	.	.	x_{2j}	.	.	.
.	.				.			.
i	x_{i1}	.	.	.	x_{ij}	.	.	x_{iM}
.	.				.			.
N	x_{N1}	.	.	.	x_{Nj}	.	.	x_{NM}

1) Besonders zu beachten ist, daß häufig auch Merkmale in der Zeile und Elemente (auch Objekte genannt) in der Spalte der

2.1.2. Meßniveau

Jede Spalte der Datenmatrix gibt für sämtliche Elemente Auskunft über ein bestimmtes Merkmal. Informativ ist dies nur, wenn ein Merkmal mehrere Ausprägungen zuläßt und die untersuchten Elemente nicht sämtlich die gleiche Ausprägung des Merkmals tragen. In diesem Falle sprechen wir auch von einem variablen Merkmal oder kurz von einer Variablen im Gegensatz zu einer Konstanten.

Variable Merkmale können je nach Meßniveau unterschiedliche Informationen über einzelne Elemente und über die Unterschiede zwischen Elementen liefern. Für die hier beabsichtigten Zwecke müssen wir zwischen qualitativen, ordinalen und quantitativen Merkmalen unterscheiden (vgl. z.B. Benninghaus 1974, S.20 ff).

Qualitative Merkmale, auch nominale oder klassifikatorische[1)] Merkmale genannt, kennzeichnen die Elemente nach dem Besitz von Eigenschaften, die entweder vorhanden oder nicht vorhanden sind. Im einfachsten und für die Praxis bedeutsamsten Fall eines zweiwertigen (dichotomen) qualitativen Merkmals ist durch seine Ausprägungen entweder der Besitz bzw. Nichtbesitz einer Eigenschaft oder der Besitz einer von zwei alternativen Eigenschaften bestimmt. Ein Beispiel für die erstgenannte Form ist die Kennzeichnung einer Pflanzenart durch die Existenz von Blüten, ein Beispiel für die zweitgenannnte Form die Kennzeichnung des Geschlechts. Anzumerken bleibt, daß sich beide Formen oft gedanklich insofern nicht

---

Datenmatrix eingetragen werden (vgl. z.B. Gower 1971; Sokal und Sneath 1963; Vogel 1973).

1) Der Name weist darauf hin, daß solche Merkmale eine Klasseneinteilung der Elemente bewirken, die sich von der in dieser Arbeit besprochenen Form nur dadurch unterscheidet, daß sie auf ein einziges Merkmal statt auf viele gründet.

klar voneinander trennen lassen, als der Nichtbesitz einer Eigenschaft stets positiv als Besitz einer Alternativeigenschaft aufgefaßt werden kann.

Schließt sich eine Reihe von Eigenschaften gegenseitig aus, so daß ein Element jeweils nur eines von ihnen besitzen kann, so werden solche Eigenschaften häufig zu einem einzigen, mehrwertigen (polytomen) qualitativen Merkmal zusammengefaßt. Merkmale dieser Art sind z.B. "Farbe", d.h. die zusammengefaßten Alternativeigenschaften "rot, blau, grün usw." oder "Religion" als Zusammenfassung der Eigenschaften "calvinistisch, evangelisch, katholisch usw."

Leider werden häufig im Sprachgebrauch auch mehrere, sich gegenseitig nicht ausschließende Eigenschaften zu einem "Merkmal" zusammengefaßt; ein Element kann in diesem Fall gleichzeitig mehrere dieser Merkmalsausprägungen besitzen. Wir wollen dieser Praxis jedoch nicht folgen und festsetzen, daß sich Merkmalsausprägungen stets gegenseitig ausschließen müssen.

Ordinale Merkmale, auch komparative oder Rangordnungs-Merkmale genannt, erlauben die Ordnung der Elemente nach dem Ausmaß des Besitzes einer Eigenschaft. Über einzelne Elemente ist damit weniger als über das Verhältnis zwischen Elementen ausgesagt. Auch über das Verhältnis zwischen den Elementen gibt ein ordinales Merkmal nur an, ob ein Element A davon mehr oder weniger besitzt als ein Element B, es sagt dagegen nichts über die Größe dieses Unterschiedes. Sind mehrere Elemente durch die gleiche Ausprägung des ordinalen Merkmals, auch Rangstufe genannt, beschrieben, so kann über ihre Rangordnung nicht entschieden werden. Die Ordnung der Gesamtheit der Elemente nennt man in diesem Falle auch eine partielle im Gegensatz zu einer totalen Ordnung. Prinzipiell können auch ordinale Merkmale zwei- oder mehrwertig sein. Zweiwertige ordinale Merkmale "degenerieren" jedoch formal zu qualitativen Merkmalen,obwohl ihre Ausprägungen der Bedeutung nach noch immer den größeren bzw. geringeren Besitz einer Eigenschaft widerspiegeln. Mehrwertige ordinale Merkmale können unter Informationsverlust, d.h. unter Erhöhung der Zahl unentscheidbarer Über- bzw. Unterordnungen, stets durch Zusammenlegen benachbarter Rangstufen in zweiwertige Merkmale überführt werden. Der umgekehrte Weg ist dagegen in der Regel ausgeschlossen, da er das Hinzufügen neuer Rangordnungs-Information verlangen würde.

<u>Quantitative Merkmale</u>, auch metrische oder intervall-skalierte Merkmale genannt, geben über die Ordnung der Elemente hinaus auch Aufschluß über die Größe der Unterschiede zwischen ihnen. Der Maßstab dieser Unterschiede muß über den gesamten Bereich der Merkmalswerte einheitlich festgesetzt sein. Häufig unterscheidet man innerhalb der quantitativen Merkmale <u>Intervallskalen und Ratioskalen</u>.

Bei Intervallskalen ist der Nullpunkt willkürlich festgesetzt. Vergleiche zwischen mehreren Skalenwerten können deshalb nur über ihre Differenz, nicht dagegen über ihren Quotienten erfolgen. Ein Beispiel ist die Temperaturmessung nach Celsius. An einem Tag mit 30° C ist es "10° wärmer" als an einem Tag mit 20° C. Keinen Sinn dagegen hätte es zu behaupten, am ersten Tag sei es 1 1/2 mal so warm wie am zweiten Tag gewesen. Ratioskalen erlauben jedoch auch Aussagen über das Verhältnis zwischen Merkmalswerten. Sie sind durch einen absoluten (d.h.: nicht willkürlich festgesetzten) Nullpunkt ausgezeichnet. Ein Beispiel sind Längenmaße: Ein Stab von 80 cm ist genau "halb so lang" wie ein Stab von 160 cm.

2.2. <u>Auswahl und Gewichtung der Merkmale</u>

Mit der Auswahl der Merkmale legen wir die Dimensionen des Merkmalraumes fest. Wir entscheiden zunächst, <u>welche Merkmale</u>

der Elemente für ihre Klassifizierung bedeutsam sein sollen, und bestimmen sodann über die Rolle einzelner Merkmale bei der Gruppierung der Elemente im Raum.

Einen Aspekt dieser Entscheidung haben wir bei der Behandlung künstlicher und natürlicher Typologien bereits kennengelernt: Einzelne Merkmale können notwendige oder nicht notwendige Bedingungen für die Zugehörigkeit von Elementen zu Typen setzen.

Bei den meisten der bislang entwickelten und benutzten Klassifikationsverfahren geht es jedoch um die Suche nach natürlichen, polythetischen Klasseneinteilungen. Keines der Merkmale stellt dabei eine notwendige Bedingung dar. Innerhalb der (gleichermaßen nicht notwendigen) Merkmale möchte man trotzdem häufig nach ihrem relativen Gewicht bei der Gliederung des Merkmalraumes differenzieren oder unbeabsichtigt durch die Wahl bestimmter Merkmale eingetretene Gewichtungen rückgängig machen (s. u.a. Jardine und Sibson1971B, S.22; Sokal und Sneath 1963, S.118 ff; Williams und Dale 1965, S.40 ff). Die Wirkung solcher Gewichtungen einzelner Merkmale können wir uns zunächst vereinfacht als eine Streckung oder Stauchung der entsprechenden Dimensionen des Merkmalraumes vorstellen, womit die Anordnung der Elemente im Raum und ihre Gruppierung in ungleich dicht besetzten Unterräumen u.U. erheblich verändert werden. Abbildung 10 illustriert den Vorgang: Je nach Streckung der X-Achse erscheinen die vier Punkte entweder als gleichmäßig dicht beieinander liegend (A) oder als zwei voneinander verhältnismäßig deutlich getrennte Zweiergruppen (B) (vgl. Ball 1970, S.5 ff).

Eine Gewichtung der Merkmale kann entweder a priori unter bestimmten theoretischen Zielsetzungen oder a posteriori wegen bestimmter Eigenschaften der Merkmalsverteilung erfolgen (vgl. Jardine und Sibson1971B,S.21 f).Einige Gründe für die Gewichtung - soweit sie nicht im Zusammenhang mit bestimmten Meßniveaus der Merkmale stehen (s.u. Absch. 2.4 - 2.6) - wollen wir an dieser Stelle diskutieren.

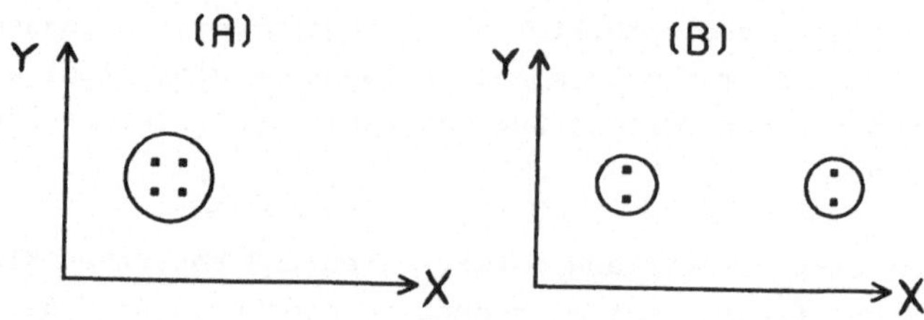

Abbildung 10: Gewichtung von Merkmalen und Anordnung im Merkmalraum

(1) Sollen Merkmale stärker gewichtet werden, je bedeutsamer ihre Funktion im Rahmen der beabsichtigten Verwendung der Typologie ist? Diese Forderung zielt vor allem auf eine präzisere Grenzziehung zwischen künstlichen und natürlichen Typologien. In der biologischen Taxonomie hat sich daran ein jahrhundertelanger Streit entzündet, der hier nur verkürzt wiedergegeben werden kann. Die Auffassung der einen Seite geht auf den französischen Botaniker Adanson zurück und besagt, daß bei der Suche nach natürlichen Typologien der Exemplare (Tiere, Pflanzen) anhand ihres Erscheinungsbildes (anstelle der in der Regel nicht bekannten Abstammung) grundsätzlich keine Gewichtung der Merkmale vorgenommen werden dürfe. Die Auffassung wird begründet mit der Gefahr, durch eine ungleiche Gewichtung der Merkmale die Ordnung der Elemente vorwegzunehmen (vgl. Ihm, Trautner und Wolf 1971, S.163). Damit wird nicht grundsätzlich bezweifelt, daß Klassifikationen auf der Grundlage gewichteter Merkmale brauchbar sein könnten. Es wird jedoch der Vorwurf erhoben, mit der Gewichtung die angestrebten Ziele einer natürlichen Klassifika-

tion zu verwischen: Durch die Gewichtung der Merkmale werden Punkthäufungen an bestimmten Stellen des Raumes erzeugt bzw. an anderen Stellen verhindert. Eine "natürliche" Klassifikation folgt dann formal der Verteilung der Elemente im Raum, ist aber im Grunde eine indirekte Setzung (vgl. Abb. 10).

Auch die Vertreter der Gegenposition wissen gute Gründe auf ihrer Seite, vor allem den Hinweis auf Vorkenntnisse über den Gegenstandsbereich. Es mag sich z.B. in der Vergangenheit gezeigt haben, daß die Farbe von Blütenblättern relativ wenig, die Form der Blütenblätter dagegen relativ viel über die Verwandtschaft von Pflanzen aussagt. Der Verzicht auf eine ungleiche Gewichtung der beiden Merkmale bei der Suche nach einer natürlichen Typologie, welche die Verwandtschaftsbeziehungen widerspiegelt, würde in diesem Falle eine Vergeudung von Information darstellen.

(2) Sollen Merkmale umso stärker gewichtet werden, je größer ihre Komplexität ist? Diese Forderung begründet die ungleiche Gewichtung der Merkmale mit dem unterschiedlichen Umfang der Gegenstandsbereiche, die von den Merkmalen angezeigt werden. Komplexe Merkmale repräsentieren nach dieser Auffassung einen relativ großen Gegenstandsbereich und müßten eigentlich durch mehrere, spezifische Merkmale ersetzt werden. Zur Erläuterung dieses Arguments wird eine Unterscheidung notwendig, die wir auch an anderer Stelle benötigen werden, nämlich zwischen den gemeinten, relevanten Eigenschaften von Elementen und den beobachteten Merkmalen ("Indikatoren"), die uns Aufschluß über die gemeinten Sachverhalte geben sollen. Die gleiche Unterscheidung wird in methodischen Abhandlungen häufig unter den Begriffen nominaler und operationaler Definitionen eingeführt (vgl. u.a. Mayntz, Holm und Hübner 1972, S.14 ff). Im oben genannten Fall sind die gemeinten Sachverhalte nur mangelhaft spezifiziert, mehrere davon wurden zu einem einzigen, komplexen Merkmal zusammengefaßt. Durch die pauschale Gewichtung komplexer Merkmale soll also die mangelnde Spezi-

fizierung kompensiert werden. Offensichtlich ist dies keine gute Lösung der Probleme.

(3) Sollen Merkmale schwächer gewichtet werden, wenn sie z.T. gleiche Inhalte wie andere Merkmale bezeichnen?
Diese Frage nimmt in der neueren Klassifikationsliteratur einen weit größeren Raum ein als die frühere und auf die biologische Taxonomie beschränkte Diskussion für und wider Adanson. Mit ihr geht es, wie näher zu erläutern sein wird, um das Problem der unbeabsichtigten Gewichtung von Merkmalen (vgl. u.a. Williams und Dale 1965, S.42).

Bei der Auswahl der Merkmale tritt die weder logisch noch empirisch eindeutig zu beantwortende Frage nach den Beziehungen zwischen gemeinten und beobachteten Sachverhalten auf: Mehrere Merkmale können (a) die gleiche Eigenschaft, (b) unterschiedliche Eigenschaften oder (c) teilweise gleiche und teilweise unterschiedliche Eigenschaften bezeichnen.

Soweit mehrere Merkmale die gleiche Eigenschaft bezeichnen, macht die Kenntnis eines dieser Merkmale die Kenntnis der übrigen unnötig. Trotz dieser Redundanz vertritt aber jedes Merkmal eine Dimension des Merkmalraumes, wodurch die Information über ein und dieselbe (gemeinte) Eigenschaft mehrfach benutzt und mit höherem Gewicht versehen wird. Solange die Redundanz von Merkmalen infolge gleicher Informationsinhalte nicht ausgeschlossen werden kann, ist deshalb die Lage der Elemente im Merkmalraum und ihre ungleiche Verteilung darin nur bedingt für die Suche nach natürlichen Klassen zu verwerten.

Die Gefahr einer unbeabsichtigten Auswahl redundanter Merkmale ist nicht gering. Sie wird durch unsere Vorkenntnisse und Vorurteile über den Gegenstandsbereich bewirkt und äussert sich darin, daß uns zu einzelnen Eigenschaften der

Elemente mehr (beobachtbare) Merkmale einfallen als zu anderen (vgl. Vogel 1973, Abschnitt 222).

Die resultierende implizite Gewichtung der Eigenschaften kann zufällig, muß aber keineswegs notwendig mit unseren expliziten Entscheidungen über die theoretische Relevanz der Eigenschaften im Hinblick auf den Verwendungszweck der gesuchten Klassifikation übereinstimmen.

Nun variieren Merkmale, welche die gleiche Eigenschaft beschreiben, nicht unabhängig voneinander. Insofern könnte die Stärke der statistischen Zusammenhänge zwischen Merkmalen (vgl. z.B. Benninghaus 1974, Kap.4ff) ein Anzeichen für die <u>Redundanz der Informationsinhalte</u> sein. Leider ist dieses Anzeichen nicht eindeutig; statistische Zusammenhänge zwischen Merkmalen können trotz der Beschreibung ungleicher Eigenschaften durch das gemeinsame variieren von Merkmalen <u>zwischen Klassen</u> auftreten.

Zusammenfassend ist festzuhalten, daß durch die Auswahl der Merkmale nicht nur eine Abgrenzung aller für eine gesuchte Klassifikation wichtiger von unwichtigen Merkmalen vorgenommen wird, sondern daß unter Umständen ungewollt auch eine unbeabsichtigte Vorstrukturierung des Merkmalraumes erfolgen kann. Bei der Suche nach natürlichen Klassifikationen ergibt sich daraus das praktische Bedürfnis, die statistischen Zusammenhänge zwischen Merkmalen in Zusammenhangskomponenten zu zerlegen: <u>Erstens</u> in jenen Teil der Zusammenhänge, der durch die inhaltliche Redundanz der Merkmale bestimmt ist. Er trägt zu einer ungewollten Gewichtung einzelner Eigenschaften bei und macht die natürliche Anordnung der Elemente im Merkmalraum teilweise zu einem Artefakt der Merkmalsauswahl.
Dieser Teil der Zusammenhänge müßte "beseitigt" werden, da er die Suche nach einer natürlichen Klassifikation stört.
<u>Zweitens</u> in jenen Teil der Zusammenhänge, der durch die ge-

suchte, an den angestrebten Zwecken orientierte Zusammengehörigkeit der Elemente bestimmt ist. Dieser Teil der Zusammenhänge müßte bewahrt werden, da er die Suche nach der natürlichen Klassifikation leiten soll (vgl. Cormack 1971, S.326).

Versuche zur Lösung des Problems durch Analyse der multivariaten Merkmalsverteilungen sind notwendig zirkulär: Würde man die Klasseneinteilung der Elemente bereits kennen, so wären die statistischen Zusammenhänge der Merkmale innerhalb jeder Klasse dem redundanten Teil und die Zusammenhänge zwischen den Klassen dem im Sinne des Klassifikationszieles relevanten Teil zuzurechnen. Wenn aber die Klasseneinteilung der Elemente gesucht ist, kann bei der Suche nicht bereits Vorinformation über die Merkmalszusammenhänge innerhalb von Klassen benutzt werden. Zu einer ausführlichen Diskussion dieser Problematik und verschiedener Lösungsansätze sei auf die Arbeiten von R.M. Cormack (1971, S.326), F.J. Rohlf (1970) und F. Vogel (1973, Abschn. 222) sowie auf die dort angegebene Literatur verwiesen.

2.3. Fehlende Daten

Durch Antwortverweigerungen in der Umfrageforschung oder allgemein bei unvollständiger Datenerhebung werden die Elemente nicht sämtlich durch eine genau gleiche Menge von Merkmalen beschrieben. Für verschiedene Elemente werden damit auch unterschiedliche Merkmalräume definiert. Für die Suche nach einer natürlichen Klassifikation der Elemente, die sich an ihrer Verteilung in einem einzigen, gemeinsamen Merkmalraum orientiert, ergeben sich daraus schwerwiegende und streng genommen unlösbare Probleme (vgl. Gower 1971B).

Unter pragmatischen Gesichtspunkten wird jedoch darauf hingewiesen, daß die Vergleichbarkeit der Elemente nicht wesentlich leidet, wenn sich die Merkmalräume nur geringfügig voneinander unterscheiden, wenn also nur sehr wenige Daten fehlen (vgl. Gower 1971B). Allerdings muß auch in diesem Fall dafür gesorgt werden, daß die relative Anordnung der Elemente zueinander durch fehlende Daten nicht systematisch verzerrt wird, bzw. daß bei der Bestimmung der Ähnlichkeit zwischen Elementen die fehlenden Daten nicht systematisch als Übereinstimmungen oder Abweichungen gewertet werden (vgl. auch Rubin 1967, S. 127 f). Wir werden diesen Punkt bei der Behandlung der Ähnlichkeit zwischen Elementen nochmals aufnehmen (s. u. Kapitel 3).

2.4. Merkmalraum aus quantitativen Merkmalen

In diesem und in den folgenden drei Abschnitten werden uns die Probleme beschäftigen, die eine Darstellung der Elemente durch Merkmale mit verschiedenen Meßniveaus bereiten. Dabei werden wir die Eigenschaften der jeweiligen Merkmalräume mit den Eigenschaften des anschaulichen Raums vergleichen und die "Defekte" des jeweiligen Merkmalraumes aufzeigen. Von Art und Umfang dieser Defekte wird es abhängen, auf welche Weise wir die Ähnlichkeit zwischen Elementen jeweils beschreiben (Kapitel 3) und welche Verfahren wir zur Suche nach einer natürlichen Klasseneinteilung (Kapitel 4) wählen können.

Zuvor aber müssen wir präzisieren, welche Vorstellung wir vom anschaulichen Raum und von der geometrischen Darstellung der Elemente darin haben:

(1) Der anschauliche Raum hat maximal drei Dimensionen, z.B. Höhe, Breite, Tiefe.

(2) Jeder Punkt im anschaulichen Raum ist hinsichtlich jeder Dimension durch ein Maß mit der Eigenschaft von Verhältnisskalen gekennzeichnet, z.B. Höhe = 5 cm.

(3) Alle Dimensionen werden im gleichen Maßsystem dargestellt, z.B. Höhe = 5 cm, Breite = 8 cm.
(4) Alle Dimensionen bedeuten gleichartige Eigenschaften; z.B. die örtliche Lage oder die Ausdehnung von einem bestimmten Nullpunkt (Ursprung) aus.
(5) Die Dimensionen des anschaulichen Raumes sind unabhängig voneinander. Stellt man sie durch Koordinatenachsen dar, so stehen diese rechtwinklig aufeinander.
(6) Der Abstand zwischen zwei Punkten im Raum (kürzeste Verbindung) ist die direkte, gerade Linie zwischen ihnen.

Die Beschreibung der Elemente zu Klassifikationszwecken erfolgt in der Regel durch mehr als drei (allgemein M) Merkmale. Wenn jedes Merkmal eine Dimension im oben genannten Sinne bildet und für den Merkmalraum analog zum anschaulichen Raum die Punkte 2 bis 5 gelten, können wir zwar unsere auf drei Dimensionen beschränkte anschauliche Vorstellung nicht direkt auf den Merkmalraum übertragen, wohl aber das Konzept des Abstandes zwischen Punkten als ihrer kürzesten Verbindung (Punkt 6). Den entsprechenden M-dimensionalen Raum nennen wir den euklidischen Raum, den Abstand einen euklidischen Abstand.

Nun zurück zu unserer eingangs genannten Problemstellung: Unter welchen Voraussetzungen können wir den Merkmalraum als einen euklidischen Raum betrachten und welche Fehler unterlaufen uns, wenn wir bei nicht erfüllten Voraussetzungen die "Abstände" zwischen Elementen irrtümlich als euklidische Abstände analog den Abständen im anschaulichen Raum interpretieren?

2.4.1. Koordinatenachsen

Nehmen wir zunächst an, wir wollten Rechtecke klassifizieren. Die Rechtecke sind dabei unsere Elemente, die wir durch jeweils zwei Merkmale beschreiben; das Rechteck A (1,2) soll z.B. 1 cm breit und 2 cm hoch, das Rechteck B (1,3) 1 cm breit und 3 cm hoch sein usf. Wir können diese Rechtecke als Punkte im zweidimensionalen Raum darstellen. Durch die beiden Koordinaten, welche jeden Punkt bestimmen, sind die Rechtecke vollständig beschrieben.

Solange wir nicht fordern wollen, daß die Koordinatenachsen vertauschbar sein sollen und damit z.B. ein "liegendes" Rechteck C (2,1) und ein "stehendes" Rechteck A (1,2) als identisch anzusehen wären, spiegeln die Abstände zwischen den Punkten auf inhaltlich akzeptable Weise die Ähnlichkeit zwischen den Rechtecken wider: Je größer der Abstand zwischen den Punkten ist, desto weniger decken sich die entsprechenden Rechtecke. Mit den beiden Koordinaten des Raumes (Breite und Höhe) werden gleichartige Eigenschaften abgetragen, so daß eine Einheit des Merkmals Höhe für die Bestimmung des Abstandes die gleiche Bedeutung hat wie eine Einheit des Merkmals Breite. Damit ist der Abstand zwischen den Rechtecken A (1,2) und B (1,3) genau gleich dem Abstand zwischen den Rechtecken C (2,1) und D (3,1) (s. Abbildung 11), was auf eine unseren intuitiven Vorstellungen entsprechende Weise ihre Ähnlichkeit wiedergibt.

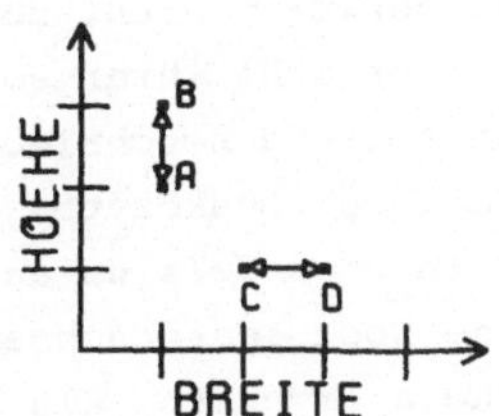

Abbildung 11: Gleichwertigkeit der Koordinatenabstände Höhe und Breite

Beschreiben wir nun anstelle der Rechtecke Tiere anhand ihrer Schädelmaße, z.B. zum Zwecke ihrer Ordnung in Populationen. Auch hier können wir wie zur Beschreibung der Rechtecke die größte Längen- und Breitenausdehnung der Schädel als Merkmale auswählen (vgl. z.B. Amtmann 1965). Beide messen wir wieder in Zentimetern und tragen die Schädel als Punkte im zweidimensionalen Raum ein. Formal hat sich an unserem Beispiel damit nichts geändert. Gilt das aber auch für die inhaltliche Bedeutung der Darstellung? Kann der euklidische Abstand auch hier die inhaltliche Ähnlichkeit der Elemente wiedergeben? Soll diese Frage positiv beantwortet werden, so müssen beide Koordinaten gleichartige Eigenschaften repräsentieren:Beim Vergleich zweier Schädel muß also ein Breitenunterschied von 1 cm äquivalent sein einem Längenunterschied von 1 cm. Diese Forderung ist aber nicht automatisch erfüllt: Zwar gleicht ein Zentimeter dem anderen, jedoch bedeuten die Einheiten u.U. Unterschiedliches, wenn sie auf ungleichartige Merkmale bezogen werden (vgl. Jardine und Sibson 1971, S.23). Deshalb verlangt die Darstellung von Elementen im euklidischen Merkmalraum auch in jenen Fällen eine Entscheidung über die Äquivalenz der Merkmalseinheiten, in denen sämtliche Merkmale in formal gleichen Maßeinheiten erhoben wurden.

Keiner ausführlichen Begründung bedarf die Notwendigkeit solcher Entscheidungen dagegen in allen Fällen, in denen auch die Maßeinheiten der Merkmale nicht übereinstimmen. Wurden z.B. Personen nach der Zahl ihrer sozialen Kontakte und nach der Größe ihrer Wohngemeinde beschrieben oder werden als Krankheitssymptome die Zahl der Leukozyten und die Körpertemperatur des Patienten in Grad Celsius angeführt, so sind mit diesen Merkmalen keine Koordinatenachsen definiert, die auch nur formal den Anschein erwecken, als könnten sie einen euklidischen Raum aufspannen. Es sei aber nochmals betont: Die letztgenannten Probleme unterscheiden sich nur scheinbar von den vorhergehenden. In allen Fällen geht es gleichermaßen darum festzustellen, auf welche Weise die Maßeinheiten der Merkmale auf die Koordinatenachsen des euklidischen Raums abzubilden sind. In allen praktischen Fällen, wozu wir nicht das Rechteck-Beispiel zählen, ist dabei die Ungleichartigkeit der Merkmale und die Notwendigkeit, sie "gleichnamig" zu machen, das Hauptproblem.

2.4.2. Variabilität der Merkmale

Neben den durch inhaltliche Unterschiede zwischen Merkmalen bestimmten Äquivalenz-Problemen gibt es im Ergebnis fast gleiche Defekte des Merkmalraums, die auf der unterschiedlichen Variabilität der Merkmale beruhen. Wollte man z.B. die Tierschädel anhand der Merkmale Schädellänge und Breite der Nasenöffnung beschreiben und alle untersuchten Schädel in einem als euklidisch angenommenen Merkmalraum darstellen, so würde die Schädellänge etwa (Zahlen willkürlich erfunden) zwischen 3 cm und 7 cm, die Nasenbreite zwischen 0,7 cm und 1,2 cm schwanken. Sieht man einmal von den eben diskutierten Problemen inhaltlicher Ungleichartigkeit der Merkmale ab, so bleibt zu vermerken, daß die Abstände zwischen den Elementen fast vollständig von der Schädellänge dominiert werden: Unterschiede in der Nasenbreite von wenigen Millimetern spielen gegenüber Unterschieden in der Schädellänge von einigen Zentimetern keine wesentliche Rolle (vgl. Abb. 12A).

Durch die ungleiche Variabilität der Merkmale kommt also eine ungleiche Gewichtung zustande: stark variierende Merkmale tragen sehr viel stärker zur Bestimmung des Abstandes zwischen Elementen bei als wenig variierende Merkmale. Allein in der Tatsache einer starken Variabilität der Merkmale liegt jedoch kein hinreichender Grund, diese Merkmale für besonders wichtig für die angestrebte Klassifikation zu halten. Wenn die Dominanz der stark variierenden Merkmale deshalb nicht gewünscht wird oder nicht gerechtfertigt werden kann, muß sie auf irgendeine Weise beseitigt werden.

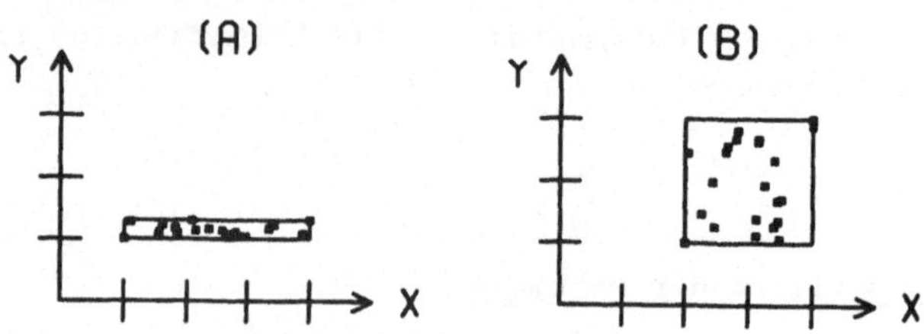

Abbildung 12: Merkmale mit unterschiedlicher (A) und gleicher (B) Variabilität

2.4.3. Standardisierung

Die vorangehenden zwei Unterabschnitte haben Gründe dafür geliefert, daß wir nicht ohne weiteres die Äquivalenz der Einheiten verschiedener Merkmale annehmen dürfen, wie sie uns im anschaulichen Raum als selbstverständlich erscheint. Der Merkmalraum weist deshalb gegenüber dem euklidischen Raum häufig Defekte auf, die durch Entscheidungen über die Äquivalenz der Merkmalseinheiten beseitigt werden müssen. Diese Entscheidungen werden in jedem Falle nötig, ob man nun mit Adanson die Gleichgewichtung der Merkmale oder aber eine aus theoretischen Überlegungen bzw. empirischem Vorwissen begründete Ungleichgewichtung anstrebt.

Grundlage für jede bewußte (Gleich- oder Ungleich-)Gewichtung der Merkmale ist, daß zunächst ihre effektive Gewichtung erkannt wird (Burr 1968, S.98). Diese effektiven Gewichte kommen durch die unterschiedliche Variabilität der Merkmale ins Spiel und werden durch ihre Standardisierung beseitigt. Neben der besonders häufig gewählten Standardisierung der Merkmale mit dem Ziel, allen transformierten Merkmalen das arithmetische Mittel Null und die Standardabweichung 1 zu geben[1], wurden u.a. die Spannweite und der Interquartilsabstand zur Standardisierung herangezogen (vgl. u.a. Burr 1968, S.98; Gower 1966, S.327; derselbe 1971B, S.860).

Die Wirkung der Standardisierung der Merkmale liegt in einer Veränderung der als verzerrt angenommenen Anordnung der Elemente im Merkmalraum. Durch die Transformation wird erreicht, daß

. sämtliche Merkmale die gleiche "Standard-Maßeinheit" erhalten. Ihre ursprüngliche Maßeinheit geht also verloren;
. sämtliche Merkmale im gleichen Umfang variieren und damit gleiche Bedeutung für die relative Anordnung der Elemente zueinander erhalten.

Geometrisch kann dies anhand des Beispieles aus Abschnitt 2.4.2 veranschaulicht werden. Während die Darstellung der Elemente im ursprünglichen Merkmalraum infolge der unterschiedlichen Variabilität der Merkmale durch ein Merkmal (x) dominiert wurde (s. Abb. 12A), ist das effektive Gewicht beider Merkmale nach der Standardisierung (s. Abb. 12B) gleich. Je nach Art der gewählten Standardisierung ergeben sich unterschiedliche Gruppierungen der Elemente im Merkmalraum. Völlig unbedenklich, d.h. automatisch und ohne Rückgriff auf inhaltlich begründete Entscheidungen anwendbar wäre eine solche Manipulation durch Standardisierung nur, wenn sie an der Merkmalsvariabilität innerhalb der (jedoch erst noch gesuchten!) Klassen erfolgen könnte. Jede Standardisierung an der Variabilität der Merkmale in der Gesamtheit verwischt demgegenüber zwangsläufig auch Unterschiede zwischen den Klassen (vgl. Cormack 1971, S.324 f; Fleiss und Zubin 1969, S.240 ff). Doch muß man sich solchen Bedenken gegenüber stets

---

1) Es handelt sich um die sogenannte z-Transformation, $z = (X - \bar{X})/s$, vgl. u.a. Sahner 1971, S.22 ff.

daran erinnern, daß der Grund für die Wahl einer Standardisierung erkannte oder angenommene Verzerrungen der ursprünglichen Darstellung der Elemente im Merkmalraum sind. Auch ein Verzicht auf Standardisierung würde deshalb kein in irgendeinem Sinne "objektives" Verfahren garantieren.

2.4.4. Zusammenhänge zwischen Merkmalen

Eine wesentliche Eigenschaft des anschaulichen Raumes ist die Orthogonalität der Koordinatenachsen. Soweit der Merkmalraum als euklidischer Raum und die Abstände zwischen den Elementen als euklidische Abstände interpretiert werden sollen, müssen deshalb auch alle durch die Merkmale definierten Achsen des Merkmalraumes rechtwinklig aufeinander stehen.

Im Abschnitt 2.2 haben wir bereits allgemein und ohne Bezug zu speziellen Meßniveaus der Merkmale auf die Möglichkeit hingewiesen, daß mehrere Merkmale die gleiche Eigenschaft beschreiben. So können wir z.B. die schon arg strapazierten Tierschädel durch die Länge "über alles", sozusagen vom Hinterkopf bis zur Kinnspitze messen und zusätzlich vom Hinterkopf bis zur Nasenspitze. Oder wir können Gemeinden durch die Zahl ihrer Einwohner und durch ihre Lohnsteuersumme kennzeichnen. In beiden Fällen sind die Merkmale weder völlig redundant noch völlig unabhängig voneinander: z.T. stehen sie für gleiche, z.T. für unterschiedliche Eigenschaften. Wenn wir die Merkmale als Koordinatenachsen auffassen, so stehen sie schiefwinklig aufeinander. Der Winkel zwischen ihnen weicht umso stärker von 90 Grad ab, je mehr sich die Merkmale inhaltlich überschneiden.

Trotzdem kann man natürlich auch in diesen Fällen so tun, als ob ein euklidischer Raum gegeben wäre. Man nimmt dann einfach inhaltlich redundante Merkmale als rechtwinklige Koordinatenachsen an und stellt die Elemente in diesem "gewaltsam orthogonalisierten" Raum dar. Doch werden wegen der falschen Festsetzung der Koordinatenwinkel auch die Abstände zwischen den Elementen im Merkmalraum verzerrt.

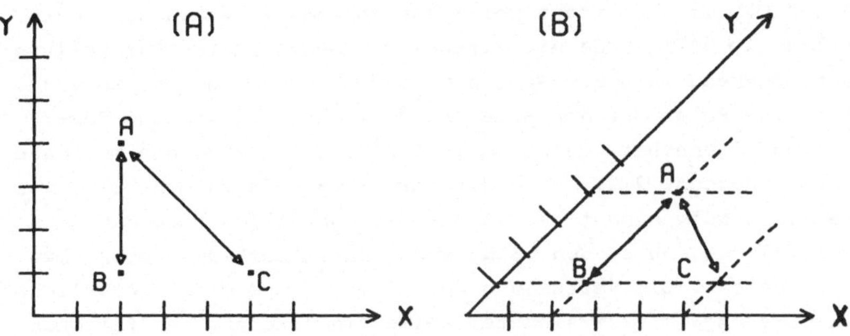

Abbildung 13: Darstellung redundanter Merkmale durch unterschiedliche Koordinatensysteme

Nehmen wir an, der "wirkliche" Winkel zwischen den Merkmalsachsen X und Y sei uns bekannt. Wir können dann die Merkmalsachsen und die von ihnen bestimmten Punkte (Elemente) im schiefwinkligen Merkmalraum geometrisch darstellen. In Abbildung 13A und 13B tragen wir jeweils die Punkte A (2,4), B (2,1) und C (5,1) ein. Sie sind gleichermaßen durch die Werte der Merkmalsachsen bestimmt, und zwar in Abbildung 13A unter der falschen Festsetzung eines rechten Winkels zwischen den Merkmalsachsen, in Abbildung 13B unter Berücksichtigung des richtigen Winkels (zur Darstellung von Parallelkoordinaten vgl. u.a. Sperner 1969, S.1 ff).

Die Verzerrung der Abstände zwischen den drei Punkten durch die falsche Wahl des Achsenwinkels wird damit unmittelbar sichtbar: In diesem Fall besteht ein positiver Zusammenhang zwischen den Merkmalen, was zu einem Winkel zwischen den Koordinatenachsen von $w < 90$ Grad führt. Die irrtümliche Darstellung der Punkte in einem rechtwinkligen Merkmalraum (s. Abb. 13A) führt deshalb zu einer Streckung der Abstände zwischen allen Elementen, die hinsichtlich beider Merkmale voneinander abweichen (hier: zwischen den Elementen A und C gegenüber den unveränderten Abständen zwischen A und B bzw. B und C). Im Fall negativer Zusammenhänge zwischen den Merkmalen ($w > 90^o$) würde die irrtümlich rechtwinklige Darstellung entsprechend zu einer Stauchung der Abstände führen. Beides ist eine Folge der doppelten Berücksichtigung ein und derselben Eigenschaft durch zwei (teilweise) redundante Merkmale (s. o. Abschn. 2.2). Wird der Merkmalraum durch mehr als zwei Merkmale aufgespannt, so werden die inhaltlich redundanten Merkmale gegenüber den nicht redundanten Merkmalen über- bzw. unterbetont. Die Verteilung der Elemente und eine "natürliche" Gruppierung im Raum sind teilweise ein Artefakt der falschen Festsetzung der Winkel.

Alle Vorschläge, solche Verzerrungen zu beseitigen, verlangen Vorkenntnisse über die inhaltliche Redundanz der Merkmale. Solche Kenntnisse sind jedoch nur bedingt aus den statistischen Zusammenhängen der Merkmale in der Gesamtheit der Elemente abzuleiten. Diese geben grundsätzlich keinen Aufschluß, ob sie darauf beruhen, daß mehrere Merkmale gleiche Eigenschaften kennzeichnen oder ob mehrere, verschiedene Eigenschaften kennzeichnende Merkmale infolge einer natürlichen Gruppierung der Elemente in Klassen mit gleichen Merkmalkombinationen kovariieren (vgl. Cormack 1971, S.326; Fleiss und Zubin 1969, S.242 f; Vogel 1973, Abschn.222).

Entscheidungskriterien zur Beantwortung der Frage, welchen Ursprungs die statistischen Zusammenhänge im Einzelfall sind, können allenfalls aus theoretischen Erwägungen und aus der Zielsetzung einer Suche nach natürlichen Klassifikationen abgeleitet werden. Für den Regelfall kann die unerwünschte Gewichtung durch inhaltliche Redundanz der Merkmale nur insoweit vermieden werden als es gelingt, jeder gemeinten Eigenschaft genau ein beobachtetes Merkmal zuzuordnen. Soweit dieses, wie vielfach in sozialwissenschaftlichen Untersuchungen, nicht möglich ist (vgl. Williams und Dale 1965, S.42), müssen unter inhaltlich begründeten Vorentscheidungen die redundanten Merkmale durch Indexbildung oder Skalierung zusammengefaßt werden (vgl. u.a. Mayntz, Holm und Hübner 1972, S.44 ff).

2.4.5. Reduktion des Merkmalraumes

Im vorigen Abschnitt ging es um die inhaltliche Redundanz von Merkmalen und ihre Konsequenzen für die schief- oder rechtwinklige Darstellung des Merkmalraumes. Eine ganz andere Frage und hiervon leider nicht immer klar genug getrennt ist die Frage nach der effizienten Darstellung der Elemente im euklidischen Raum. Hierbei sollen die Elemente statt im ursprünglichen Merkmalraum unter möglichst vollständigem Erhalt der Struktur in einem neuen euklidischen Raum mit möglichst geringer Dimensionszahl dargestellt werden. Dieses Ziel ist vor allem deshalb wünschenswert, weil der Aufwand bei der Suche nach einer natürlichen Klassifikation umso geringer ist, je weniger Dimensionen zur Darstellung der Elemente verwandt werden.

Soweit der ursprüngliche Merkmalraum durch quantitative Merkmale definiert ist, bedient man sich bei der Suche nach einer effizienten Darstellung der Elemente in der Regel der Hauptkomponentenanalyse (vgl. u.a. Gower 1966, 1967 B; Überla 1971, S.240). Im Prinzip wird zunächst jene Gerade im Merkmalraum gesucht, bei der die Summe der quadrierten Abstände zu allen Punkten (Elementen) minimal ist. Diese Gerade gibt im Merkmalraum die Richtung der größten Varianz an. Wollte man sie allein zur Kennzeichnung der Elemente heranziehen, so beschriebe sie deren Unterschiede auch bestmöglich. Anschliessend wird eine zweite Gerade gesucht, die rechtwinklig zur ersten steht und die Richtung des größten Teils der verbleibenden Varianz angibt usf. Wenn nun starke statistische Zusammenhänge zwischen zwei Merkmalen bestehen, so kann durch eine Gerade bereits die relative Anordnung der Elemente fast ebenso gut wiedergegeben werden, wie durch beide Merkmale gemeinsam. Abbildung 14 gibt dafür ein anschauliches Beispiel.

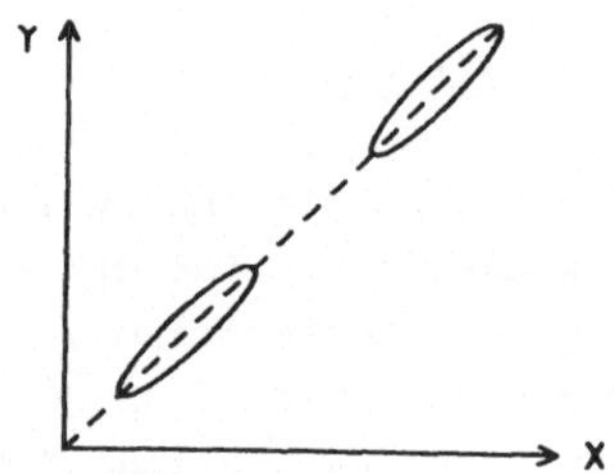

Abbildung 14: Reduktion des Merkmalraumes bei Strukturerhalt

Stellt man einen M-dimensionalen Merkmalraum durch die derart in der Reihenfolge ihrer informatorischen Bedeutung ausgewählten Geraden dar, so bleibt für die letzten der M möglichen, rechtwinklig aufeinander stehenden Geraden u.U. nur noch sehr wenig Varianz übrig. Ohne wesentlichen Informationsverlust und bei weitgehendem Erhalt der Verteilungsstruktur, die ja für die anschließende Suche nach der natürlichen Klassifikation wichtig ist, kann auf diese letzten, wenig aussagefähigen Hauptkomponenten verzichtet werden. Die Elemente sind nun statt im M-dimensionalen Merkmalraum im reduzierten Raum mit $M' < M$ Hauptkomponenten dargestellt. Der weiteren Suche nach einer natürlichen Klassifikation werden entsprechend die Koordinaten der Elemente im reduzierten Raum anstelle der Koordinaten im Merkmalraum zugrunde gelegt. Eine ausführliche Darstellung der Folgen einer Reduktion des Merkmalraumes durch eine Hauptkomponentenanalyse für das anschließende Klassifikationsverfahren gibt F. Vogel (1973, Abschn. 222).

Um Verwechslungen zu vermeiden, muß nochmals darauf hingewiesen werden, daß es sich hierbei um eine rein technische Reduktion des Merkmalraums handelt. Die Elemente werden unter möglichst weitgehendem Strukturerhalt in einem neuen Raum mit rechtwinkligen Achsen dargestellt. Keineswegs wird damit das im vorigen Abschnitt behandelte Problem schiefwinkliger Merkmalsachsen durch "Orthogonalisierung" gelöst. Vielmehr wird die gegebene Verteilungsstruktur der Elemente, sei sie nun verzerrt oder nicht, bei der Reduktion des Merkmalraumes weitestmöglich erhalten.

2.5. Merkmalraum aus ordinalen Merkmalen

Ordinale Merkmale erlauben die Rangordnung der Elemente (s. o. Abschn, 2.1), liefern jedoch ex definitione keine Information über den Abstand zwischen ihnen. Für den Fall des Vergleichs zweier Elemente anhand einer Menge von Merkmalen führt das unmittelbar zu Problemen: Hinsichtlich jedes einzelnen Merkmals ist zwar Information über die Über- bzw. Unterordnung der Elemente vorhanden. Die Zusammenfassung dieser Rangordnungsinformationen zu einer einzigen Aussage über die Ähnlichkeit oder Distanz zwischen Elementen scheitert jedoch am Fehlen eines Kriteriums, das die Aufrechnung von Überordnungen hinsichtlich einiger und Unterordnungen hinsichtlich anderer Merkmale erlauben würde. Der aus ordinalen Merkmalen aufgespannte Merkmalraum ist deshalb in dieser Form unbrauchbar für eine räumliche Darstellung der Elemente, die der Suche nach natürlichen Klassifikationen nützlich wäre.

Der eigentlichen Suche nach einer Klassifikation ordinal beschriebener Elemente geht deshalb regelmäßig die Übertragung der Elemente in einen Raum mit anderen Eigenschaften der Achsen voraus. Dabei sind zwei Verfahrensweisen zu unterscheiden: (a) die Umwandlung der ordinalen Merkmale in qualitative Merkmale und (b) die Übertragung der Elemente in einen euklidischen Raum[1].

2.5.1. Umwandlung in qualitative Merkmale

Die ordinalen Merkmale können unter Verzicht auf die Rangordnungsinformation in qualitative Merkmale umgewandelt werden. Diese Umwandlung geschieht am einfachsten, indem jeder unterscheidbaren Rangstufe des ordinalen genau eine Kategorie des qualitativen Merkmals zugeordnet wird. Sind z.B. Personen nach dem Grad ihrer Unzufriedenheit in Rangstufen "geringe (1), mittlere (2) und starke (3) Unzufriedenheit" geordnet, so ist eine Person aus der Rangstufe (2) gegenüber anderen Personen aus der Rangstufe (1) durch relativ größere und gegenüber Personen aus der Rangstufe (3) durch relativ geringere Unzufriedenheit gekennzeichnet. Nach der Umwandlung des ordinalen in ein qualitatives Merkmal wird diese Rangordnungsinformation bei formal gleicher Darstellung der Kategorien (1,2,3) jedoch nicht mehr benutzt: Eine Person der Kategorie (2) ist dann gegenüber anderen Personen dieser Kategorie durch gleiche Unzufriedenheit und gegenüber Personen der Kategorien (1) und (3) durch ungleiche Unzufriedenheit gekennzeichnet.

Für die Suche nach natürlichen Klassifikationen wird entweder die Beschreibung der Elemente durch generell zweiwertige oder

---

1) U. Baumann (1971, S.35) erwähnt eine dritte Form, nämlich die Umwandlung der interindividuellen in intraindividuelle Rangordnungen. Eine praktische Verwertung dieses Ansatzes in Klassifikationsverfahren ist uns jedoch nicht bekannt.

durch generell quantitative Merkmale angestrebt (vgl. Wishart 1969 B, S.4). Ordinale Merkmale sollten deshalb möglichst in zweiwertig qualitative Merkmale umgewandelt werden. Dieses kann entweder durch die Transformation jedes ordinalen in genau ein zweiwertiges Merkmal erfolgen. Dazu ist die Zusammenfassung benachbarter Rangstufen des ordinalen Merkmals nötig. Oder es können aus jedem ordinalen Merkmal mit k unterschiedlichen Rangstufen k-1 zweiwertige Merkmale gebildet werden. Tabelle 2 gibt ein Beispiel für diese Form der Übertragung (vgl. Wishart 1969 B). Das Verfahren stellt eine Umkehrung der Guttman-Skalierung dar (vgl. u.a. Mayntz, Holm und Hübner 1972, S.58 ff).

Tabelle 2: Umwandlung eines ordinalen in zwei qualitative Merkmale

Ordinales Merkmal		Qualitatives Merkmal Nr 1	Qualitatives Merkmal Nr. 2
Rangstufen:		Kategorien:	
(1) gering	→	(0)	(0)
(2) mittel		(1)	(0)
(3) stark		(1)	(1)

Neben dem unvermeidlichen Informationsverlust durch Verzicht auf die Rangordnungsinformation treten bei der letztgenannten Umwandlung zusätzliche Gewichtungsprobleme auf. Durch die Umwandlung jedes ordinalen Merkmales mit k Rangstufen in k - 1 qualitative Merkmale wird eine technisch bedingte Gewichtung erzeugt: Je größer die Zahl der unterscheidbaren Rangstufen eines ordinalen Merkmals ist, desto größer wird auch die Zahl der daraus entstehenden zweiwertig qualitativen Merkmale. Die Wirkung solcher Gewichtungen hängt aber von der weiteren Verwendung der Merkmale bei der Definition eines Ähnlichkeitsmaßes zwischen Elementen ab. Es gibt deshalb auch keine allgemeingültigen Korrekturvorschläge. Ist das ursprünglich (ordinale) Merkmal mit k Rangstufen für die angestrebte Klassifikation etwa ebenso bedeutsam wie jedes andere Merkmal, so könnten die daraus entstehenden k-1 zweiwertig qualitativen Merkmale z.B. jeweils das Gewicht 1/(k-1) erhalten.

2.5.2. Abbildung der Elemente in einen euklidischen Raum

Die Umformung eines aus ursprünglich ordinalen Merkmalen definierten Raumes in einen euklidischen Raum sollte die ursprüngliche Rangordnungsinformation erhalten und gleichzeitig keine neue Information hinzufügen. Ersteres ist unproblematisch; es ist stets möglich, die durch M ordinale Merkmale gekennzeichneten Elemente ohne Verstoß gegen die ursprüngliche Rangordnung in einem M-dimensionalen euklidischen Raum mit gleicher Zahl von Dimensionen darzustellen. Man braucht dazu nur die Rangstufen jedes Merkmals durch eine entsprechende aufsteigende bzw. absteigende Zahlenfolge zu ersetzen und die Zahlen als quantitative Werte zu interpretieren (s. Tabelle 3). Jede dieser Festsetzungen ist willkürlich, es läßt sich damit ohne Veränderung der ursprünglichen Rangordnung fast jede beliebige relative Anordnung der Elemente zueinander im euklidischen Raum erzeugen. Die Übertragung der Elemente in einen euklidischen Raum ist deshalb nur sinnvoll, wenn es gelingt, das Hinzufügen solch willkürlicher Information zu vermeiden oder zumindest zu beschränken.

Tabelle 3: Datenmatrizen mit unterschiedlicher numerischer Darstellung gleicher Rangordnungsinformation

Merkmal				Merkmal				Merkmal		
M1	M2	M3		M1	M2	M3		M1	M2	M3
1	2	3		1	30	4		213	673	998
1	1	3	→	1	1	4	→	213	425	998
3	3	2		50	50	3		999	674	7

Genau diese Beschränkung der Willkür leisten einige Verfahren der multidimensionalen Skalierung und der Smallest Space - Analyse (vgl. Guttmann 1968; Holtmann 1974; Lingoes 1973; McFarland und Brown 1973). Der ordinale Merkmalraum mit M Dimensionen wird dabei in einen euklidischen Raum mit geringerer Zahl an Dimensionen ($M' < M$) abgebildet. Da dieses in der Regel nicht ohne Verstöße gegen die ursprüngliche Rangordnung der Elemente (hinsichtlich aller ordinalen Merkmale) abgeht, versucht man, durch geeignete Wahl des euklidischen Raumes die Zahl der Verstöße gegen die ursprüngliche Ordnung zu minimieren. Mit einer Lösung, die dieses Optimierungskriterium erfüllt, ist auf eindeutige Weise ein euklidischer Raum definiert. Zur ausführlichen Information über die Verfahren verweisen wir auf die oben angegebene Literatur.

Der euklidische Raum mit verminderter Dimensionszahl M' ist nun offensichtlich nicht mehr der ursprüngliche Merkmalraum. Das nachfolgende Klassifikationsverfahren greift auch nicht mehr auf die ursprünglichen Merkmale zurück, sondern nutzt ausschließlich Informationen über die Anordnung der Elemente im euklidischen Raum. Dessen Koordinatenachsen treten damit an die Stelle der ursprünglichen Merkmale. Ihre Bedeutung muß i.d.R. durch Interpretation erschlossen werden.

2.6. Merkmalraum aus qualitativen Merkmalen

Qualitative Merkmale kennzeichnen die beschriebenen Elemente durch das Vorhandensein bzw. das Fehlen einer bestimmten Eigenschaft. Vergleiche zwischen Elementen können nur zwei mögliche Ergebnisse bringen: die Elemente sind einander entweder gleich oder ungleich. Entsprechend werden Elemente über mehrere Merkmale durch Zählen der gleichen bzw. ungleichen Eigenschaften miteinander verglichen.

Gemessen an der Darstellung der Elemente durch quantitative

Merkmale (s. o. Abschn. 2.4) ergeben sich im qualitativen Merkmalraum neben einigen technischen Besonderheiten, die im folgenden behandelt werden, ganz ähnliche Probleme der Gewichtung der Merkmale. Hier wie dort muß vorausgesetzt werden, daß der Merkmalraum aus inhaltlich nicht redundanten Merkmalen aufgespannt wird (s. o. Abschn. 2.4.4).

2.6.1. Zwei- und mehrwertige qualitative Merkmale

Denken wir uns den Merkmalraum wieder durch M Achsen (Dimensionen) aufgespannt, von denen jede ein qualitatives Merkmal repräsentiert, und betrachten wir zunächst einen besonders einfachen Merkmalraum mit nur einer Achse. Wenn wir uns diesen Raum als einen euklidischen Raum vorstellen, so ist die Darstellung der Elemente darin anhand des qualitativen Merkmals vollkommen willkürlich, da über die Ausprägungen des Merkmals keine Abstände zwischen Elementen, ja nicht einmal eine Ordnung definiert ist.

Soweit es sich um ein zweiwertig qualitatives Merkmal handelt, hat diese Willkür jedoch keine praktische Bedeutung. Stellen wir z.B. Personen nach ihrem Geschlecht im eindimensionalen euklidischen Raum dar, so bleiben fast alle Eigenschaften des Raumes "ungenutzt": Wir benötigen nur zwei Punkte A und B für die Ausprägungen (männlich - weiblich) des Merkmals und <u>einen Abstand</u> d (A, B) zwischen diesen Punkten; zwei Personen gleichen Geschlechts haben nun den Abstand d (A, B) = O, zwei Personen ungleichen Geschlechts den Abstand d (A, B) = $\hat{d}$. Der numerische Wert dieses Abstandes kann zwar nicht aus der ursprünglichen Merkmalsinformation abgeleitet werden; einen einzigen Abstand $\hat{d} \neq 0$ darf man jedoch immer beliebig festsetzen, solange er nicht mit anderen Abständen $\hat{d} \neq \hat{d}'$ verglichen werden soll. Genau dieser Vergleich aber ist bei einem zweiwertig qualitativen Merkmal überflüssig, da es keinen zweiten Abstand $\hat{d}'$

gibt. Das gilt auch für Merkmalräume aus zwei oder mehr Merkmalen, wenn der Abstand zwischen den beiden Ausprägungen jedes Merkmales gleich gewählt wird. Obwohl für die beiden Ausprägungen eines zweiwertig qualitativen Merkmals beliebige numerische Werte gewählt werden können, nimmt man aus Gründen der Rechenerleichterung regelmäßig die Werte 0 und 1.

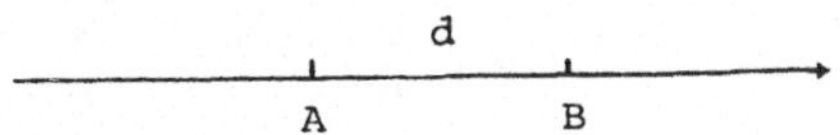

Abbildung 15: 'Euklidischer Merkmalraum' mit nur zwei besetzten Punkten

Sobald jedoch ein qualitatives Merkmal mit mehr als zwei Ausprägungen auftaucht, können wir nicht mehr so tun, als wäre es quantitativ. Nehmen wir z.B. ein Merkmal mit den vier Ausprägungen A,B,C und D, die wir uns z.B. als Berufe denken. Versuchen wir, diese vier Ausprägungen durch vier nichtidentische Punkte im eindimensionalen euklidischen Raum darzustellen, so müssen wir mehr als einen Abstand festsetzen (s. Abb. 16) und damit über Größenrelationen der Abstände entscheiden, die aus dem ursprünglich qualitativen Merkmal nicht abgeleitet werden können.

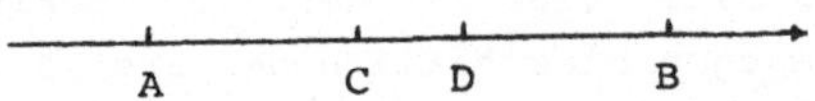

Abbildung 16: 'Euklidischer Merkmalraum' mit vier besetzten Punkten

Um auch bei mehrwertig qualitativen Merkmalen eine anschauliche Darstellung im euklidischen Raum zu ermöglichen, werden solche Merkmale ebenfalls in zweiwertig qualitative Merkmale umgewandelt. Für ein mehrwertiges Merkmal mit k Ausprägungen benötigt man dazu k zweiwertige Merkmale (s. Tabelle 4; vgl. Wishart 1969 B, S.4).

Tabelle 4: Umwandlung eines mehrwertigen Merkmals in zweiwertige Merkmale

Ausprägungen eines mehrwertigen Merkmals		Ausprägungen der entsprechenden zweiwertigen Merkmale Nr.1	Nr.2	Nr.3	Nr.4
A		1	0	0	0
B	→	0	1	0	0
C		0	0	1	0
D		0	0	0	1

Allerdings bleibt diese Umformung nicht ohne Einfluß auf das relative Gewicht, das einem einzelnen Merkmal beim Vergleich zweier Elemente zukommt (vgl. die entsprechende Problematik bei ordinalen Merkmalen, s. o. Abschn. 2.5.1). Vor der Umformung haben zwei- und mehrwertige Merkmale insofern gleiches Gewicht, als sie beim Vergleich zweier Elemente durch Zählen gleicher bzw. ungleicher Eigenschaften jeweils genau eine Übereinstimmung oder eine Abweichung liefern. Nach der Umformung sind jedoch aus dem ursprünglich k-wertigen Merkmal k zweiwertige Merkmale geworden. In unserem formalen Beispiel mit vier Merkmalsausprägungen (s. Tabelle 4) folgt daraus: bei Übereinstimmung zweier Elemente hinsichtlich des ursprünglich vierwertigen Merkmales ergeben sich nach der Umformung Übereinstimmungen in allen vier zweiwertigen Merkmalen. Weichen zwei Elemente dagegen hinsichtlich des ursprünglichen Merkmals voneinander ab, so ergeben sich aus den vier zweiwertigen Merkmalen zwei Übereinstimmungen und zwei Abweichungen!

Damit erhält das ursprünglich mehrwertige Merkmal gegenüber den ursprünglich zweiwertigen Merkmalen ein erhöhtes Gewicht. Diese ungewollte Gewichtung könnte man wieder durch eine entgegenlaufende Gewichtung auszugleichen suchen (s. o. Abschn. 2.5.1), etwa durch entsprechend mehrfaches Zählen der ursprünglich zweiwertigen Merkmale. Erschwerend aber kommt hier hinzu, daß die ungewollte Gewichtung der ehemals mehrwertigen

Merkmale unterschiedlich ausfällt je nachdem, ob zwei Elemente darin übereinstimmen oder nicht. Diese Asymmetrie der Gewichtung ist auch durch ein einfaches, korrigierendes Gewichten der Merkmale nicht zu beseitigen. Die häufig als unproblematisch dargestellte Umformung mehrwertiger in zweiwertige Merkmale kann deshalb nicht unbedenklich empfohlen werden.

2.6.2. Abhängige Merkmale

Eine andere Form unbeabsichtigter Gewichtung kann durch die Abhängigkeit mehrerer "sekundärer" Merkmale von einem "primären" Merkmal entstehen (vgl. Kendrick 1965). So ist z.B. bei Pflanzen der Besitz einer Blüte (primäres Merkmal) eine notwendige, jedoch nicht hinreichende Bedingung für den Besitz von u.a. Kelchblättern, getrennten Fruchtblättern oder oberständigen Fruchtknoten (sekundäre Merkmale); ebenso können Berufs- und Tätigkeitsmerkmale von Personen wie Schichtarbeit, wöchentlicher Lohn, Fließbandarbeit (sekundäre Merkmale) nur vorliegen, wenn die entsprechenden Personen überhaupt eine berufliche Tätigkeit (primäres Merkmal) ausüben. W.B. Kendrick (1965; s. a. Williams 1969) weist anhand eines Beispiels auf die paradoxen Ergebnisse hin, zu denen die implizite Gewichtung des primären Merkmals durch die sekundären Merkmale führen kann: Besitzen die Elemente A und B gleichermaßen eine primäre Eigenschaft und unterscheiden sie sich in einer Reihe sekundärer Eigenschaften, so können A und B unter Umständen weniger gemeinsame Merkmalsausprägungen tragen als jedes von ihnen im Vergleich mit einem dritten Element C, welches die primäre Eigenschaft nicht besitzt (s. Tabelle 5).

Dieses Ergebnis kommt zustande, weil primären wie sekundären Merkmalen gleiches Gewicht eingeräumt wurde, obwohl letztere doch nur Spezifikationen einer der beiden Merkmalsausprägungen des primären Merkmals darstellen: Wertet man z.B. das primäre Merkmal aus Tabelle 5 als Berufstätigkeit (1) bzw. Fehlen einer Berufstätigkeit (0), so wird die Merkmalsausprägung (1) durch die sekundären Merkmale, d.h. die Eigenschaften der Berufstätigkeit weiter erläutert.

Tabelle 5: Beschreibung von Elementen durch primäre und sekundäre Merkmale

Element	Primäres Merkmal	Sekundäre Merkmale Nr.1	Nr.2	Nr.3	Nr.4	Nr.5	Nr.6	Nr.7
A	1	0	0	0	1	1	1	1
B	1	1	1	1	0	0	0	0
C	0	0	0	0	0	0	0	0

Kendrick nennt zwei Möglichkeiten, die "falsche" Gewichtung rückgängig zu machen (1965, S.144), nämlich (a) auf sämtliche als sekundär erkannten Merkmale zu verzichten, was allerdings zu einem erheblichen Informationsverlust führen würde, oder (b) das primäre Merkmal entsprechend der Zahl der sekundären Merkmale höher zu gewichten (bzw. mehrmals zu zählen). Eine ausführliche Diskussion der korrigierenden Gewichtung ist außer in den bereits genannten Aufsätzen von W.B. Kendrick (1965) und W.T. Williams (1969) auch in einem Aufsatz von J.C. Gower (1971B) zu finden.

2.7. Merkmale unterschiedlichen Meßniveaus

Die Auswahl der Merkmale sollte sich nach ihrer theoretischen Relevanz hinsichtlich der angestrebten Zwecke der gesuchten Klassifikation richten. Auch wenn es für ein Klassifikationsverfahren wünschenswert sein mag, nur Merkmale ein und desselben Meßniveaus zur Beschreibung der Elemente heranzuziehen (s. u. Kapitel 3), können solche Gesichtspunkte deshalb bei der Merkmalsauswahl nicht vorherrschend sein. In vielen praktischen Fällen wird man vielmehr die zu klassifizierenden Elemente gleichzeitig durch Merkmale unterschiedlichen Meßniveaus beschreiben wollen.

In den vorangehenden Abschnitten haben wir kennengelernt, wie Merkmale in andere (meist niedrigere) Meßniveaus überführt werden. Einige dabei auftretende Gewichtungsprobleme wurden im Zusammenhang mit der Umwandlung ordinaler (und fast ebenso: mehrwertig qualitativer) in zweiwertig qualitative Merkmale behandelt. Bei der Umwandlung quantitativer in qualitative Merkmale kommt hinzu, daß es häufig unmöglich ist, sämtliche vorkommenden Werte des Merkmals durch jeweils ein zweiwertiges Merkmal zu ersetzen. Deshalb wird häufig das einfache und überaus rigorose Verfahren gewählt, jedes quantitative Merkmal in nur ein einziges, zweiwertiges Merkmal zu überführen. Man setzt dazu einen Schwellenwert, meist den Median, fest; Merkmalswerte unterhalb dieser Schwelle werden durch ein Null, Merkmalswerte oberhalb der Schwelle durch eine 1 ersetzt. Trotz einiger Beispiele, in denen solche Umformungen zu nicht allzu großem Informationsverlust führten (vgl. Lance und Williams 1967 A, S.15), ist das Verfahren bedenklich. Außer im Spezialfall einer klaren zweigipfligen Verteilung (s. o. Abb. 8A, Abschn. 1.8) haben schon geringe Änderungen des willkürlich festzusetzenden Schwellenwertes zur Folge, daß zahlreiche, nach ihren ursprünglich quantitativen Merkmalen kaum unterscheidbare Elemente die jeweils andere der beiden alternativen Merkmalsausprägungen erhalten (vgl. Cormack 1971, S.327).

Ein anderer Weg deutete sich durch die Darstellbarkeit der zweiwertig qualitativen Merkmale im euklidischen Raum an. Voraussetzung dafür ist, daß die als Einheitsabstand $\hat{d}$ auf Intervallskalen abgetragene Merkmalsungleichheit zweier Elemente nicht mit anderen Abständen $\hat{d}' \neq \hat{d}$ verglichen werden muß. Bei ausschließlich zweiwertigen Merkmalen ist diese Bedingung erfüllt. Sobald jedoch quantitative Merkmale hinzutreten, muß der bis dahin willkürlich festsetzbare Einheitsabstand $\hat{d}$ an den Werten der quantitativen Merkmale gemessen werden. Einem ganz ähnlichen Problem sahen wir uns schon einmal gegenüber, als Elemente durch mehrere quantitative Merkmale beschrieben wurden. Unterschiedliche Maßstäbe der Merkmale forderten auch dort die Entscheidung, wieviele Einheiten eines Merkmales den Einheiten anderer Merkmale äquivalent seien. Auf genau gleiche Weise wird bei gleichzeitiger Beschreibung der Elemente durch quantitative und qualitative zweiwertige Merkmale die Entscheidung notwendig, in welchem Verhältnis Einheiten der quantitativen Merkmale und der Einheitsabstand $\hat{d}$ der qualitativen Merkmale zueinander stehen sollen.

Hier wie dort ist eine Entscheidung über Gewichtsverhältnisse nötig. Damit wird festgelegt, welche relative Bedeutung einzelnen qualitativen und quantitativen Merkmalen bei der Anordnung der Elemente im Merkmalraum zugestanden wird. Ganz ähnlich wie bei der Standardisierung der quantitativen Merkmale muß deshalb auch hier eine Umformung der Merkmale mit dem Ziel erfolgen, allen Merkmalen die gleiche (oder eine den vorher festgelegten Gewichtungsverhältnissen entsprechende) Bedeutung zu sichern.

Verschiedene Verfahren dazu sind u.a. von E.J. Burr (1968), J. C. Gower 1971 B) sowie G. N. Lance und W. T. Williams (1967 A) vorgeschlagen worden. Im Prinzip laufen sie sämtlich auf eine Korrektur der effektiven Gewichte (Burr 1968, S.98) der Merkmale hinaus.

2.8. Zusammenfassung

In diesem Kapitel haben wir uns mit der Darstellung der Elemente im Merkmalraum beschäftigt. Wir haben gezeigt, daß dieser Merkmalraum gegenüber dem euklidischen Raum einige Defekte aufweisen kann. Wollten wir trotzdem ohne Korrektur dieser Defekte so tun, als spannten die Merkmale einen euklidischen Raum auf, so wäre die Anordnung der Elemente darin zum Teil ein Artefakt unserer Auswahl- und Meßentscheidungen:

. Durch die Auswahl der Merkmale können einige der gemeinten Eigenschaften der Elemente mehrfach beschrieben und damit überbetont sein. Inhaltlich redundante Merkmale dieser Art müssen deshalb durch Indexbildung zusammengefaßt werden, so daß sie entsprechend der einen, durch sie zu kennzeichnenden Eigenschaft auch nur ein (Index-)Merkmal bilden.

. Unterschiedliche Meßniveaus können die unmittelbare Vergleichbarkeit der Merkmale ausschließen. Das fordert ihre Umformung entweder in quantitative oder in qualitativ zweiwertige Merkmale.

. Die unterschiedliche Variabilität der Merkmale kann dazu führen, daß einzelne Merkmale die Anordnung der Elemente im Merkmalraum dominant beeinflussen. Dieses Problem tritt insbesondere bei quantitativen Merkmalen unterschiedlicher Meßskalen und beim Nebeneinander von quantitativen und zweiwertig qualitativen Merkmalen auf. Es macht die korrigierende Gewichtung der Merkmale durch irgendeine Form der Standardisierung erforderlich.

. Die Spezifizierung bestimmter Ausprägungen "primärer" durch eine Reihe "sekundärer" Merkmale kann zu unbeabsichtigten Gewichtsverhältnissen zwischen primären und sekundären Merkmalen führen. Auch diese sind u.U. durch korrigierende Gewichtungen zu verändern.

. Fehlende Daten infolge unvollständiger Datenerhebung führen zur Darstellung der Elemente in "unterschiedlichen Merkmalräumen". Hier gibt es nur pragmatische Lösungen und diese auch nur für den Fall, daß relativ wenige Merkmale unvollständig erhoben sind.

Da alle später zu behandelnden Klassifikationsverfahren auf der Definition des Merkmalraums aufbauen und formal unabhängig vom Umfang möglicher Defekte angewandt werden können, lag im Rahmen dieses Kapitels das Schwergewicht auf der Darstellung einiger Ursachen und möglicher Wirkung der Defekte. Lösungsansätze zur Korrektur konnten demgegenüber nur in Grundzügen und unter Hinweis auf weiterführende Literatur diskutiert werden.

In den folgenden Kapiteln wird stets vorausgesetzt, daß (a) der Merkmalraum durch inhaltlich nicht redundante, quantitative oder zweiwertig qualitative Merkmale bestimmt ist und daß (b) die effektiven Gewichte der Merkmale (gegebenenfalls nach ihrer Korrektur) bei der Darstellung der Elemente im Merkmalraum den inhaltlichen Absichten entsprechen. Den solcherart korrigierten Merkmalraum denken wir uns als einen euklidischen Raum; die Anordnung der Elemente darin verbinden wir mit unseren Vorstellungen über die Anordnung im anschaulichen Raum.

3. Ähnlichkeit zwischen Elementen

Die Suche nach einer natürlichen Klassifikation hatten wir als eine Suche nach ungleich dicht besetzten Unterräumen kennengelernt. Eine Voraussetzung dafür ist, daß die Anordnung der Elemente im Raum in einem sinnvollen Zusammenhang mit der beabsichtigten Verwendung der Klassifikation steht. Insbesondere muß die relative Lage der Elemente zueinander ihre Ähnlichkeit bzw. Unähnlichkeit widerspiegeln.

Ähnlichkeiten hatten wir bisher unausgesprochen als geringe euklidische Distanz der Elemente im Merkmalraum aufgefaßt. In diesem Kapitel werden wir jedoch feststellen, daß das Konzept der Ähnlichkeit zwischen Elementen unter verschiedenen, aus der jeweiligen inhaltlichen Zielsetzung abzuleitenden Gesichtspunkten ganz bestimmte Aspekte der Anordnung der Elemente im Merkmalraum hervorheben und andere Aspekte vernachlässigen kann. Euklidische Abstände entsprechen dann u.U. nicht dem inhaltlichen Konzept der Ähnlichkeit. Trotzdem werden wir auch in diesen Fällen nach Möglichkeiten suchen, die Ähnlichkeit zwischen Elementen durch andere Formen von Abständen ("Metriken") mit ganz ähnlichen formalen Eigenschaften zu beschreiben, wie sie der euklidische Abstand besitzt.

Maße zur Beschreibung der Ähnlichkeit oder Unähnlichkeit jeweils zweier Elemente werden in der Literatur häufig danach unterschieden, ob sie bei größerer Ähnlichkeit größere Werte ("Ähnlichkeitsmaße" im engeren Sinn, englisch: similarity measures) oder ob sie bei größerer Ähnlichkeit kleinere Werte annehmen ("Unähnlichkeits- oder Distanzmaße" im engeren Sinne, englisch: dissimilarity oder distance measures). Maße der einen Form sind leicht - z.B. durch Wechsel des Vorzeichens - in Maße der anderen Form zu überführen. Um Mißverständnisse zu vermeiden und den Bezug zu geometrischen Vorstellungen zu erleichtern, werden wir in dieser Arbeit die Ähnlichkeit bzw.

Unähnlichkeit von Elementen einheitlich durch sog. "Unähnlichkeits- oder Distanzmaße" beschreiben: Größere Werte des jeweiligen Maßes bedeuten damit immer größere Unähnlichkeit bzw. größere Distanz (Abstand) der Elemente im Raum.

3.1. Metrik

Unterschiedliche Grade der Ähnlichkeit bzw. Unähnlichkeit der Elemente über alle relevanten Merkmale stellen wir uns nach Möglichkeit als unterschiedliche räumliche Abstände vor. Diese Analogie ist in keiner Weise notwendig, doch hat sie sich als nützlich erwiesen (vgl. McFarland und Brown 1973, S.223 f). Sie erleichtert eine anschauliche Darstellung der Beziehungen zwischen den Elementen und die Übertragung unserer inhaltlichen Vorstellungen über den Gegenstandsbereich in formale Verfahren zur Datenanalyse. Allerdings kann diese Analogie auch zu Fehlschlüssen führen, wenn die Beziehungen zwischen den Elementen auf eine Weise gekennzeichnet werden, die mit den formalen Eigenschaften der uns vom anschaulichen Raum her bekannten Abstände unvereinbar ist[1].

Ganz ähnlich, wie in Kapitel 2 der Merkmalraum auf seine Analogie zu einem euklidischen Raum untersucht wurde, müssen wir jetzt Bedingungen nennen, unter denen Ähnlichkeitsmaße als räumliche Abstände betrachtet werden können. Es erweist sich dabei, daß wesentliche formale Eigenschaften des euklidischen Abstands auch für andere Abstände gelten; der euklidische Abstand stellt somit nur einen Spezialfall einer ganzen Klasse von Abständen (Metriken) mit gleichen formalen Eigenschaften dar. Für die hier zu behandelnden

1) Andere (nicht metrische) Formen der Ähnlichkeit beschreibt u.a. Hartigan 1967; vgl. auch Cormack 1971, S.324).

Probleme ist vor allem wichtig, daß wir Vorstellungen über Abstände im anschaulichen Raum auch auf diese anderen Metriken übertragen können, soweit uns nur die relative Anordnung der Elemente zueinander interessiert. Auch können wir mit den Metriken einige Rechenoperationen durchführen, wie wir es mit euklidischen Abständen tun würden. Insbesondere dürfen wir sie addieren und einen arithmetischen Mittelwert aus mehreren berechnen. Dagegen wäre die Analogie "überstrapaziert", wenn wir nicht-euklidische Abstände miteinander multiplizieren (oder durcheinander dividieren) wollten. Wir werden uns an diese Grenze gelegentlich erinnern müssen.[1)]

Zunächst also zu den formalen Eigenschaften einer Metrik. Ausführlichere Darstellungen sind Lehrbüchern der analytischen Geometrie zu entnehmen; eine ebenfalls sehr ausführliche Einführung mit Bezug zu sozialwissenschaftlichen Fragestellungen enthält ein Aufsatz von D.D. McFarland und D.J.Brown (1973; vgl. auch Williams und Dale 1965, S.48 ff). Abstände zwischen zwei Punkten A und B wollen wir allgemein mit d(A, B) bezeichnen. Wir nennen ein Abstandsmaß eine Metrik, wenn es für beliebige Punkte (Elemente) A, B und C folgende Bedingungen erfüllt:

(1) $d(A,B) \geq 0$
Abstände dürfen, wie im anschaulichen Raum als selbstverständlich vorausgesetzt, nicht negativ sein.

(2) $d(A,B) = 0 \rightarrow A = B$
'Unterscheidbarkeit nicht identischer Elemente': Der Abstand zwischen zwei Elementen kann nur dann gleich Null sein, wenn beide Elemente identisch sind und im gleichen Punkt des Raumes dargestellt werden.

---

1) Alle Leser, welche diese etwas oberflächliche Darstellung der Zusammenhänge zwischen allgemein metrischen und speziell euklidischen Räumen nicht befriedigt, seien auf die mathematische Spezialliteratur verwiesen, z.B. E. Pflaumann und H. Unger, Funktionalanalysis I, Zürich 1974.

(3) $d(A,A) = 0$

'Reflexivität': Der Abstand von einem Punkt zu sich selbst muß Null sein.

(4) $d(A,B) = d(B,A)$

'Symmetrie': Der Abstand zwischen zwei Elementen muß unabhängig von der Richtung der Messung (von A nach B bzw. von B nach A) sein.

(5) $d(A,B) \leq d(A,C) + d(B,C)$

'Dreiecksungleichung': Die kürzeste Verbindung zwischen zwei Punkten ist die direkte Verbindung. Damit ist nicht unbedingt eine Gerade (wie bei der euklidischen Distanz) gemeint; die Verbindung zweier Punkte über einen dritten Punkt darf jedoch nicht kürzer sein als die unmittelbare Verbindung beider Punkte. Die Bedingung ist durch ein Dreieck zu veranschaulichen, bei dem die Summe zweier Seiten auch nicht kürzer sein kann als die dritte Seite.

Dem Leser mit der Vorstellung von einer euklidischen Distanz werden einige dieser Bedingungen als selbstverständlich und überflüssig erscheinen. Doch sollen sie für Metriken allgemein gelten: Sie liefern uns Kriterien zur Entscheidung, ob ein bestimmtes Konzept zur Beschreibung der Ähnlichkeit eine Metrik ist, ob wir damit eine Rechenoperation (s.o.) wie mit einer euklidischen Metrik durchführen und ob wir uns die damit beschriebenen Abstände wie euklidische Abstände vorstellen dürfen. Viele der gebräuchlichen Ähnlichkeits- bzw. Unähnlichkeitsmaße erfüllen tatsächlich nicht alle genannten Bedingungen und können - wie zum Beispiel der Produktmoment - Korrelationskoeffizient - auch nicht durch einfache, monotone, arithmetrische Transformationen (das sind Transformationen, welche die Ordnung der Elementpaare nach ihrer Ähnlichkeit unverändert lassen) in eine Metrik verwandelt werden.

Tabelle 6: Distanzmatrix für 3 Elemente

Element → ↓	A	B	C
A	O	d(A,B)	d(A,C)
B	d(A,B)	O	d(B,C)
C	d(A,C)	d(B,C)	O

Ist einmal eine Metrik definiert, so können die Elemente statt durch ihre Merkmale in der Datenmatrix (N,M) durch ihre paarweisen Abstände in einer Distanzmatrix (N,N) beschrieben werden (s. Tabelle 6), deren Zeilen und Spalten jeweils mit den N Elementen korrespondieren und deren Fächer (z.B. d(A,B)) den Abstand zwischen je zwei Elementen bezeichnen. Diese Distanzmatrix ist entsprechend den fünf Bedingungen für eine Metrik symmetrisch zur Diagonalen (Bedingung 4) und enthält in ihrer Diagonalen nur Nullen (Bedingung 3).

Die Metrik definiert den metrischen Raum. Wenn die aus inhaltlichen Gründen (s. Abschn. 3.2 - 3.5) gewählte Metrik eine euklidische Metrik ist, können wir uns den so definierten Raum als den ursprünglichen Merkmalraum vorstellen. Die Datenmatrix (N,M) liefert dann wie die Distanzmatrix (N,N) eine Darstellung der Elemente im metrischen Raum. Diese Darstellung der Elemente anhand ihrer Koordinatenwerte (in diesem Fall gleich den Merkmalswerten) wird auch "dimensionale Darstellung" des metrischen Raumes genannt (vgl. McFarland und Brown 1973, S.221). Allerdings ist es nicht die einzig mögliche dimensionale Darstellung. Da nämlich die Distanzmatrix nur die relative Anordnung der Elemente zueinander festlegt, kann diese Anordnung auch an anderen Stellen des Merkmalraumes oder sogar in anderen Räumen, d.h. also auch: mit Hilfe anderer "Datenmatrizen", dargestellt werden.

Ist die gewählte Metrik keine euklidische Metrik, so können wir uns den so definierten Raum hinsichtlich der relativen Anordnung der Elemente wie einen euklidischen Raum vorstellen; doch ist die ursprüngliche Datenmatrix nun keine (oder höchstens zufällig eine) dimensionale Darstellung des metrischen Raumes. Es sind Verfahren vorgeschlagen worden, um auch für diesen Fall eine von vielen möglichen, äquivalenten dimensionalen Darstellungen aus der Distanzmatrix abzuleiten (vgl. Gower 1966; s.a. Ziegler 1973, S.23 f). Eine dimensionale Darstellung der Elemente wird jedoch in vielen der später zu behandelnden Klassifikationsverfahren (s. Kap. 4) nicht benötigt. Diese Verfahren benutzen nur Informationen über die relative Anordnung der Elemente, d.h. über ihre paarweisen Ähnlichkeiten bzw. Unähnlichkeiten, und greifen ausschließlich auf die Distanzmatrix (N,N) zurück.

3.2. Ähnlichkeit zwischen Elementen auf der Grundlage quantitativer Merkmale

Soweit Elemente durch mehrere Merkmale beschrieben werden, verlangt eine Bestimmung der paarweisen Ähnlichkeit der Elemente auf irgendeine Weise die Zusammenfassung der Übereinstimmungen bzw. Abweichungen hinsichtlich aller Merkmale zu einem einzigen Ausdruck. Diese Zusammenfassung ist keine Frage einer rein rechentechnischen Verknüpfung. Vielmehr müssen inhaltliche Entscheidungen darüber getroffen werden, welche Bedeutung die Merkmalsabweichungen zwischen zwei Elementen für ihre Ähnlichkeit insgesamt haben sollen. Wir wollen dies an einigen sehr einfachen geometrischen Beispielen zeigen.

In Abbildung 17 sind 4 Figuren wiedergegeben. Vergleiche dieser Figuren können unter verschiedenen Gesichtspunkten erfolgen. Man kann 2 Figuren z.B. dann und nur dann als 'gleich' ansehen wollen, wenn sie sich vollständig decken.

Unterschiedliche Grade der Ähnlichkeit sind in diesem Fall durch den Umfang der Abweichungen von der vollständigen Deckungsgleichheit zu kennzeichnen.

Unter anderen Gesichtspunkten kann man allein die Form der Figuren für wesentlich im Sinne der angestrebten Klassifikation halten. Unsere Alltagssprache gibt uns dafür bereits eine verbale Klasseneinteilung vor: Die Figuren (1) und (2) haben die gleiche Form, sind "Quadrate", und unterscheiden sich damit von den beiden Rechtecken (3) und (4). Unterschiedliche Grade der Ähnlichkeit sind unter solchen Gesichtspunkten als Abweichungen im Verhältnis der Seitenlängen ohne Rücksicht auf die Größe der Figuren zu fassen.

Unter anderen Gesichtspunkten kann man sich allein für die Größe der Figuren interessieren; in diesem Falle sind die Figuren (1) und (3) bzw. die Figuren (2) und (4) einander relativ ähnlich, nämlich gleichermaßen klein bzw. groß. Unterschiedliche Grade der Ähnlichkeit zwischen den Figuren orientieren sich also ohne Rücksicht auf die Form der Figuren nur an ihrer Größe.

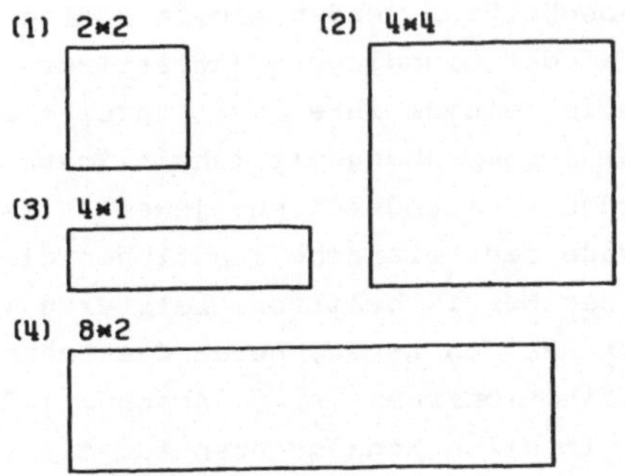

Abbildung 17: Rechtecke unterschiedlicher Form und Größe

Das Beispiel zeigt deutlich, wie sich Ähnlichkeit oder Unähnlichkeit von Elementen je nach Interessenlage unterschiedlich darstellen kann. Im extremen Fall (z.B. nach dem 'Form-Konzept') kann ein Ähnlichkeitsmaß allein solche Aspekte der Merkmalsausprägungen berücksichtigen, die bei einem anderen Ähnlichkeitsmaß (z.B. nach dem 'Größen-Konzept') völlig vernachlässigt werden. Formal wird die "Spezialisierung" eines Ähnlichkeitsmaßes auf bestimmte Aspekte der Merkmalsabweichungen zwischen Elementen durch seine Invarianzeigenschaften gekennzeichnet. Diese Invarianzeigenschaften sagen, auf welche Weise man alle ein bestimmtes Element kennzeichnenden Merkmale transformieren kann, ohne gleichzeitig das Maß für die Ähnlichkeit zwischen diesem Element und allen anderen Elementen zu verändern. Nun denkt in diesem Zusammenhang niemand daran, Merkmalsausprägungen eines Elementes tatsächlich zu verändern. Was man jedoch mit den Merkmalsausprägungen ohne gleichzeitige Änderung des jeweiligen Ähnlichkeitsmaßes tun könnte, gibt exakt Aufschluß über jene Aspekte der Merkmalsabweichungen zwischen Elementen, die durch das jeweilige Ähnlichkeitsmaß unberücksichtigt bleiben (vgl. Boyce 1969).

In den folgenden Abschnitten werden einige häufig verwandte Ähnlichkeitsmaße auf der Grundlage quantitativer Merkmale dargestellt. Dabei sollen einmal ihre Invarianzeigenschaften und damit ihr möglicher Zusammenhang mit inhaltlichen Zielsetzungen untersucht werden. Zum anderen muß jeweils festgestellt werden, ob diese Maße oder einfache Funktionen dieser Maße die Eigenschaft einer Metrik besitzen. Letzteres wird darüber entscheiden, ob wir uns den neuen, durch das Unähnlichkeitsmaß definierten Klassifikationsraum (s. o. Abschn. 1.5) als einen euklidischen Raum mit allen Konsequenzen für die relative Anordnung der Elemente darin vorstellen dürfen und welche Einschränkungen bei der Wahl eines Klassifikationsverfahrens zu beachten sind.

3.2.1. Allgemeine Ähnlichkeitsmaße

Soweit bei der Definition eines Ähnlichkeitskonzeptes Merkmalsabweichungen jeglicher Art gleichermaßen berücksichtigt werden sollen, kann die Ähnlichkeit bzw. Unähnlichkeit zweier Elemente durch ihren Abstand im M-dimensionalen Merkmalraum bestimmt werden. Der Leser wird dabei zunächst wieder an den euklidischen Abstand denken wollen.

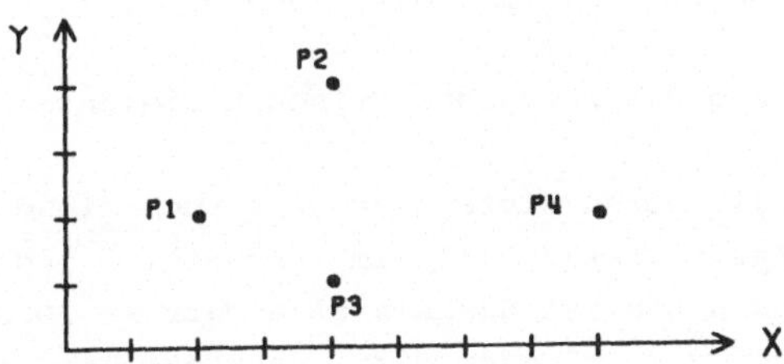

Abbildung 18: Darstellung der Rechtecke im Merkmalraum

Als Beispiele sollen die vier rechteckigen Figuren aus Abbildung 17 dienen. Stellt man diese Figuren als Punkte im zweidimensionalen Merkmalraum dar und trägt die Breite der Figuren auf der X-Achse und ihre Höhe auf der Y-Achse ab, so ergibt sich die in Abbildung 18 gezeigte Anordnung. Zwischen je zwei dieser Punkte A und B ist die euklidische Distanz aus den Koordinatenwerten X_A, X_B, Y_A und Y_B mit Hilfe des Satzes des Pythagoras zu berechnen:

$$d(A,B;\ \text{Euklid}) = {}_{+}\sqrt{(X_A - X_B)^2 + (Y_A + Y_B)^2}$$

oder allgemein bei Beschreibung der Elemente durch M (statt nur zwei) Merkmale mit den Werten X_{Aj} bzw. X_{Bj} '(j = 1, 2, ... M):

$$d(A,B;\ \text{Euklid}) = +\sqrt{\sum_{j=1}^{M} (X_{Aj} - X_{Bj})^2}$$

Statt der euklidischen Distanz wird häufig auch ihr Quadrat (d^2; "Summe der quadratischen Merkmalsdifferenzen"), dessen auf die Zahl der Merkmale bezogener Durchschnitt (d^2/M; "mittlere quadratische Merkmalsdifferenz") oder die Wurzel aus diesem Durchschnitt ("durchschnittliche euklidische Distanz")

$$\bar{d}(A,B;\ \text{Euklid}) = +\sqrt{\frac{1}{M}}\, d(A,B;\ \text{Euklid})$$

zur Beschreibung des Abstandes zwischen Elementen benutzt.

Neben der euklidischen Distanz erfüllt auch die durchschnittliche euklidische Distanz alle im Abschnitt 3.1 genannten fünf Bedingungen und ist deshalb eine Metrik. (Das Quadrat einer Metrik d, z.B. d^2 oder d^2/M, verstößt jedoch gegen die Dreiecksungleichung und ist deshalb keine Metrik.)

Beide Maße messen die Unterschiede zwischen Elementen unspezifisch: Die so beschriebene Ähnlichkeit bzw. die Unähnlichkeit zweier Elemente bleibt in der Regel nicht invariant, wenn sämtliche Merkmale eines der beiden Elemente einer linearen (oder anderen) Transformation unterzogen werden, indem sie mit einem konstanten Faktor $A \neq 1$ multipliziert oder zu einem konstanten Glied $B \neq 0$ addiert werden (s. o. Abschn. 3.1). Auch ohne die (im übrigen sehr einfache algebraische Ableitung) kann die Veränderung der Distanz zwischen zwei Punkten durch eine der genannten Transformationen anhand eines geometrischen Beispieles gezeigt werden (s. Abb. 19).

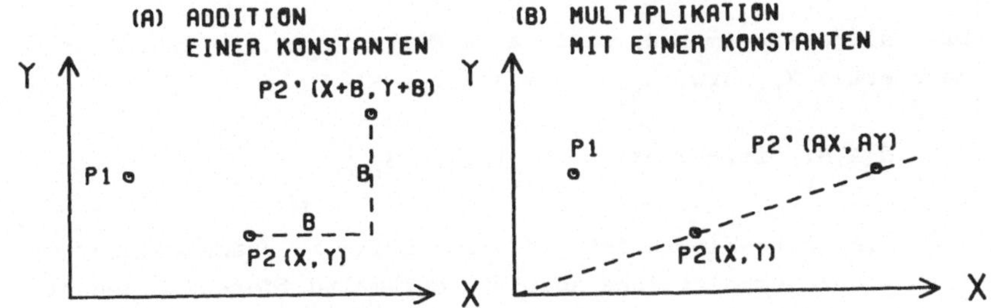

Abbildung 19: Veränderung der euklidischen Distanz zwischen den Punkten P1 und P2 durch lineare Transformationen

Leider ist es häufig nicht möglich, die euklidische Distanz als Länge der direkten, geraden Linie zwischen Punkten in einen sinnvollen Zusammenhang mit inhaltlich bestimmten Ähnlichkeitskonzepten zu bringen. Wenn man zum Beispiel die Ähnlichkeit von Personen eines Wohnbezirks durch die Nähe ihrer Wohnungen bestimmen will, weil etwa nach besonders günstigen Lagen für die Haltestellen eines öffentlichen Verkehrsmittels gesucht wird, so hat es wenig Zweck, die euklidische Distanz als Maß für die Nähe der Wohnungen zweier Personen A und B zu wählen (s. Abb. 20): In der Regel führen nämlich keine Wege mitten durch die Häuser oder Wohnblocks, so daß der kürzeste Weg, auf dem man von der einen Wohnung in die andere gelangt, den Straßenzügen folgen muß. Die hier adäquate Distanz als ein den inhaltlichen Vorstellungen angemessenes Maß für die Ähnlichkeit oder Unähnlichkeit zweier Personen trägt entsprechend den Namen "city-block-Distanz" (auch: "absolute Distanz") und ist wie die euklidische Distanz eine Metrik. Sie ist als Summe der absoluten Merkmalsdifferenzen definiert (die senkrechten Striche symbolisieren, daß die Differenzen jeweils mit einem positiven Vorzeichen versehen werden:

$$d(A,B;\ \text{city-block}) = |X_A - X_B| + |Y_A - Y_B|$$

bzw. allgemein im M-dimensionalen Merkmalraum mit den Merkmalswerten X_{Aj} bzw. X_{Bj} $(j = 1,2,\ldots M)$:

$$d(A,B;\ \text{city-block}) = \sum_{j=1}^{M} |X_{Aj} - X_{Bj}|$$

Auch die "city-block-Distanz" wird häufig in standardisierter Form ("durchschnittliche absolute Merkmalsdifferenz") benutzt:

$$\bar{d}(A,B;\ \text{city-block}) = \frac{1}{M} \sum_{j=1}^{M} |X_{Aj} - X_{Bj}|$$

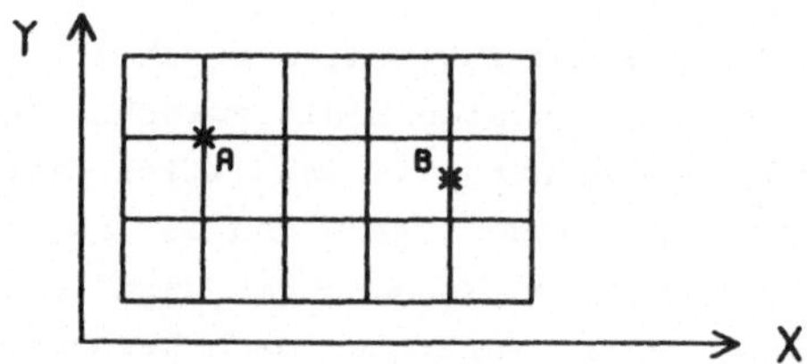

Abbildung 20: Kürzeste Verbindung bei Beschränkung der Wege: city-Block-Distanz

Die city-block-Distanz gibt in allen jenen Fällen geringere Probleme der Übertragbarkeit inhaltlicher Vorstellungen in formale Ähnlichkeitskonzepte auf, in denen die Merkmale nicht unmittelbar als räumliche Ausdehnung und die Distanz zwischen Elementen nicht unmittelbar als räumliche Abstände interpretiert werden können. Beispiele dafür sind etwa Merkmale, die in Gewichtseinheiten erhoben wurden oder Merkmale, die ihrer ursprünglich unvergleichbaren Maßeinheiten oder ihrer unterschiedlichen Variabilität wegen durch Standardisierung dimensionslos gemacht wurden. Die Kennzeichnung des Abstandes zweier Elemente durch die Summe aller absoluten Merkmalsunterschiede zwischen ihnen (city-block-Distanz) stellt zwar ebenso eine Spezialentscheidung dar wie eine Kennzeichnung der Abstände auf der Grundlage der quadrierten Merkmalsunterschiede (euklidische Distanz) oder der Merkmalsunterschiede irgendeiner anderen Potenz[1]. Wenn jedoch keine inhaltliche Begründung für eines der verschiedenen Distanzkonzepte vorgebracht werden kann, ist die Entscheidung für das einfachste Modell naheliegend, und das ist u.E. die city-block-Distanz.

Zusammenfassend ist über die bisher besprochenen, allgemeinen Distanzmaße zu sagen, daß wir sie überall dort benutzen, wo uns Merkmalsabweichungen jeglicher Art als gleich wichtig erscheinen oder, negativ ausgedrückt, wo uns inhaltlich bestimmte Kriterien zur Unterscheidung bedeutsamer von weniger bedeutsamen Aspekten der Merkmalsabweichungen fehlen. In allen anderen Fällen dagegen, in denen wir gewisse Vorkenntnisse über den Gegenstandsbereich unserer Untersuchungen besitzen und deren Ziel genauer spezifizieren können, wollen wir u.U. von Teilen der beobachtbaren Wirklichkeit abstrahieren, um andere Teile genauer betrachten zu können.

3.2.2. Spezifizierung von Ähnlichkeitskomponenten I: Form und Größe

In einem einführenden Beispiel (s. Abb. 17) haben wir bereits in der Größe und Form zwei Konzepte kennengelernt, mit deren

---

1) Allgemein handelt es sich dabei um die Klasse der sogenannten Minkowski-Metriken, deren bekanntere Spezialfälle die city-block-Metrik (k=1) und die euklidische Distanz (k=2) sind. Vgl. u.a. Boyce 1969, S.5; McFarland und Brown 1973, S.219:

$$d_k(A,B) = \left(\sum_{j=1}^{M} |X_{Aj} - X_{Bj}|^k \right)^{1/k}$$

Hilfe bestimmte Aspekte der Ähnlichkeit bzw. Unähnlichkeit von Elementen über alle ihre Merkmale isoliert werden können: Unterschiede in der Form zweier Elemente können ohne gleichzeitige Größenunterschiede, Unterschiede in der Größe zweier Elemente ohne gleichzeitige Formunterschiede vorliegen. Unterscheiden sich jedoch zwei Elemente entweder in ihrer Form oder in ihrer Größe, so unterscheiden sie sich immer hinsichtlich ihrer "Lage im Merkmalraum": Ihr Abstand ist also größer als Null. Die Distanz ist somit das umfassendere, aber auch unspezifische Maß; es liefert zwar Informationen über die Merkmalsunterschiede zwischen zwei Elementen insgesamt, jedoch keine Anhaltspunkte über die Art der Unterschiede. Soweit die inhaltliche Zielsetzung eine Spezifizierung der Ähnlichkeit ermöglicht bzw. erfordert, müssen Distanzen entsprechend in ihre Komponenten zerlegt werden. Kriterien für die Wahl bestimmter Größen- oder Formkonzepte können wiederum nur aus inhaltlichen Vorstellungen über diejenigen Aspekte der Ähnlichkeit zwischen Elementen gewonnen werden, denen für den angestrebten Zweck besondere Bedeutung beigemessen wird.

Halten wir uns zunächst an jene Konzepte von Form und Größe, die uns aus dem anschaulichen Raum bekannt sind. Bei Rechtecken ist die Form nach diesem Verständnis durch das Seitenverhältnis festgelegt. Unter dem einseitigen Interesse für diese Form und bei völliger Vernachlässigung anderer Gesichtspunkte können deshalb alle Rechtecke mit gleichem Seitenverhältnis - z.B. alle Quadrate - unabhängig von ihrer Größe als "gleich" angesehen werden (s. Abb. 21).

Tragen wir die Rechtecke (1)-(4) aus Abbildung 17 wieder als Punkte P1 - P4 im zweidimensionalen Merkmalraum ein und ziehen wir jeweils eine Gerade (Fahrstrahl) aus dem Ursprung durch diese Punkte (s. Abb. 21). Den eben genannten Aspekt der <u>Form</u> eines Elementes A können wir nun durch den Winkel w(A) seines Fahrstrahls mit der X-Achse messen. Der <u>Form-</u>

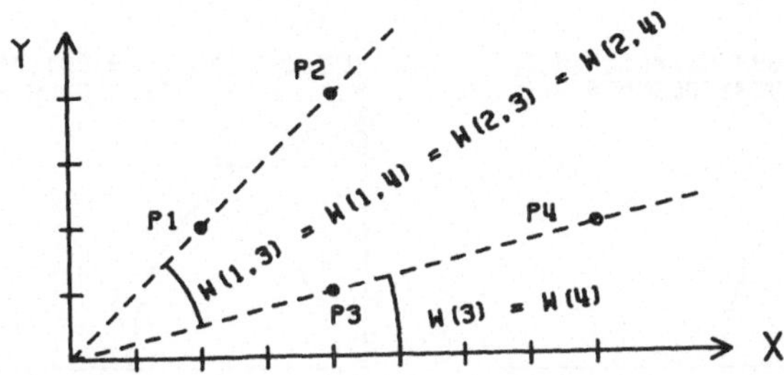

Abbildung 21: Darstellung der Formunterschiede zwischen Elementen

unterschied zweier Elemente A und B wird entsprechend durch den absoluten Betrag der Differenz ihrer Winkel w(A,B) bzw. als Winkel zwischen den beiden Fahrstrahlen ausgedrückt ("Winkelabstand"). Sämtliche Punkte auf einem Fahrstrahl sind durch gleiches Verhältnis ihrer Merkmalswerte ("Steigung der Geraden") gekennzeichnet. Der Winkel von Null Grad zwischen ihren (identischen) Fahrstrahlen ist Ausdruck für die Gleichheit ihrer Form. Multipliziert man nun sämtliche Merkmale eines Elementes mit einem konstanten Faktor $A \neq 1$, so wird das Element auf dem gleichen Fahrstrahl verschoben (s. Abb. 22A, Element B). Der Winkelabstand zwischen diesem und irgendeinem anderen Element A ändert sich damit nicht. Man spricht deshalb auch von der Invarianz des Winkelabstandes gegenüber Multiplikationen bzw. gegenüber "proportionalen" (formerhaltenden) Transformationen (vgl. Boyce 1969).

Die Konzentration auf die Form der Elemente und die Vernachlässigung anderer Gesichtspunkte, wie sie in der Invarianzeigenschaft des Winkelabstandes zum Ausdruck kommt, ist nichts anderes als die Ableitung eines reduzierten Klassifikationsraumes aus dem ursprünglichen Merkmalraum (vgl.

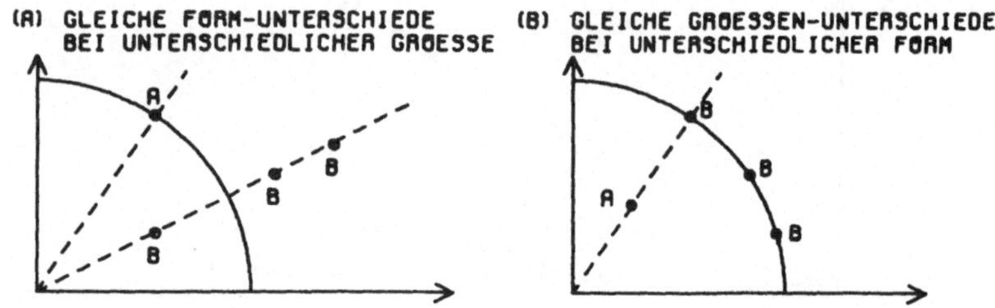

Abbildung 22: Invarianzeigenschaften des Form- und Größenunterschiedes zwischen Elementen

Abschn. 1.5, Abb. 4 und 5): Wie in dem einleitenden Beispiel über den Fußballtoto der Merkmalraum auf den für die Gewinnausschüttung allein bedeutsamen Aspekt der Zahl richtiger Vorhersagen reduziert wurde, wird hier der Merkmalraum auf den für die Form allein bedeutsamen Aspekt des Winkelabstandes zurückgeführt. Geometrisch kann man sich dies für den Fall nur zweier Merkmale durch die Projektion sämtlicher Elemente auf einen Kreis (z.B. den "Einheitskreis" mit dem Radius R = 1) veranschaulichen. Der reduzierte Klassifikationsraum besteht nun nur aus der Kreislinie, auf der die Elemente angeordnet sind. Die Formunterschiede zwischen den Elementen können statt durch die Winkelabstände auch durch die Länge des zwischen ihnen liegenden Kreisbogens ("Bogenmaß des Winkels") gemessen werden (s. Abb. 23; vgl. Orloci 1967, S.195). Wem diese Vorstellung hilft, der kann sich diesen reduzierten Klassifikationsraum auch als "eindimensionalen Raum" bzw. als eine Gerade und die Winkelabstände als euklidische Distanzen (entsprechend den Bogenabständen) auf dieser Geraden vorstellen. Unter gewissen Annahmen kann diese

Vorstellung auch formal gestützt werden: Faßt man allgemein die Merkmale als räumliche Ausdehnungen der gekennzeichneten Elemente auf, so erscheint eine Beschränkung auf positive Merkmalswerte sinnvoll. Unter dieser Beschränkung kann der Winkelabstand nur zwischen 0 und 90° schwanken; er besitzt dann alle Eigenschaften einer Metrik.

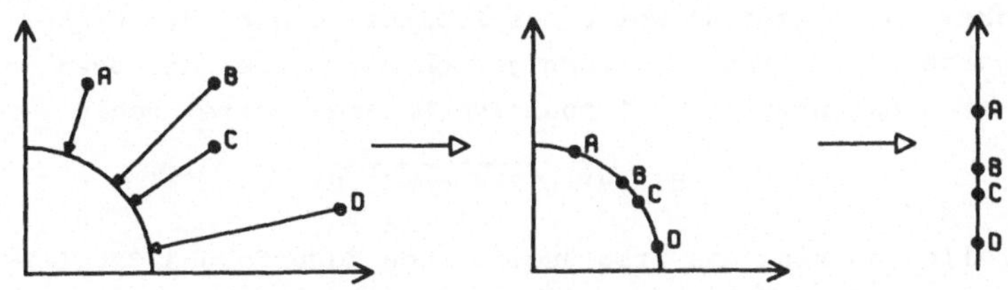

Abbildung 23: Ableitung des Klassifikationsraumes bei Konzentration auf Formunterschiede

Statt des Winkel- bzw. Bogenabstandes ist häufig der Kosinus des Winkels zur Beschreibung der Formunterschiede verwandt worden. Vorteile bringt dies insbesondere für die algebraische Ableitung aus den Merkmalswerten der Elemente.

Bezeichnet man mit X_{Aj} bzw. X_{Bj} wieder die Merkmalswerte zweier Elemente A und B, so gilt:

$$\cos(A,B) = \left(\sum_{j=1}^{M} X_{Aj} X_{Bj} \right) / \sqrt{\sum_{j=1}^{M} X_{Aj}^2 \sum_{j=1}^{M} X_{Bj}^2}$$

Da der Kosinus eines Winkels von 0 - 90 Grad stetig sinkt, sind relativ große Werte des Kosinus mit geringen Formunterschieden und kleine Werte mit großen Formunterschieden verbunden. Um Verwechslungen zu vermeiden und den Werten des Kosinus die gleiche Richtung zu geben wie Distanzen, bei denen kleine Werte mit geringen und große Werte mit großen Unterschieden zwischen Elementen verbunden sind, wird statt des Kosinus oft sein negativer Wert zur Beschreibung der

Form-Unterschiede verwandt; A.W.F. Edwards und L.L. Cavalli-Sforza (1964) haben z.B. folgendes Maß vorgeschlagen:

$$d^2(A,B;\ \text{Form n. Edwards/Cavalli-Sforza}) = 2-2\cos(A,B)$$

Die Invarianzeigenschaften dieses Maßes unterscheiden sich nicht von denen des Winkel- oder Bogenmaßes, da aus gleichen Winkeln auch gleiche Werte des Kosinus folgen; die Eigenschaften einer Metrik werden jedoch nur (unter der oben genannten Beschränkung auf positive Merkmalswerte) von

$$d(A,B) = \sqrt{2-2\cos(A,B)}$$

erfüllt, während das ursprünglich von Edwards und Cavalli-Sforza vorgeschlagene Maß $d^2(A,B)$ - ähnlich wie das Quadrat der euklidischen Distanz - gegen die Dreiecksungleichung verstößt (sog. "Quasimetrik").

Will man andererseits <u>allein die Größe der Elemente</u> beachten und soll deren Form (in der eben beschriebenen Art) keinerlei Einfluß auf das Maß haben, so muß der Abstand der Elemente vom Ursprung als Maß für die Größe und die absolute Differenz der Abstände zweier Elemente vom Ursprung als Maß für ihren Größenunterschied gewählt werden. Als "gleich" gelten unter diesem Gesichtspunkt sämtliche Elemente, die auf demselben Kreis um den Ursprung liegen (s. o. Abb. 22B). Der Größenabstand zweier Elemente ist damit invariant gegenüber Drehungen um den Ursprung.

Auch diese Invarianzeigenschaft kann wieder als eine Reduktion des Merkmalraumes interpretiert werden. Da sich die Größe eines Elementes durch Drehung um den Ursprung nicht ändert, können sämtliche Elemente auf ein und dieselbe (im übrigen beliebige) Gerade durch den Ursprung abgebildet werden. Diese Gerade repräsentiert den Klassifikationsraum. Die Abstände zwischen den Elementen auf dieser Geraden bezeichnen die Größenabstände. Sie erfüllen alle Bedingungen für eine Metrik und können wieder als euklidische Abstände im Klassifikationsraum interpretiert werden.

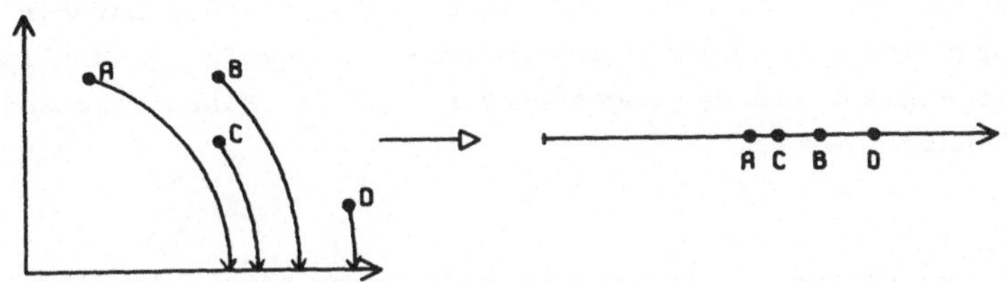

Abbildung 24: Ableitung des Klassifikationsraumes bei Konzentration auf Größenunterschiede

Bezeichnet man die so definierte Größe eines Elementes A mit g (A) und den Größenabstand zweier Elemente mit

$$d(A,B;\ \text{Größe}) = |g\ (A) - g\ (B)|,$$

so gilt:

$$d(A,B;\ \text{Größe}) = +\sqrt{\sum_{j=1}^{M} X_{Aj}^2} - +\sqrt{\sum_{j=1}^{M} X_{Bj}^2}$$

Dieses Maß ergänzt das vorher beschriebene Maß für die Formunterschiede in dem Sinne, daß beide völlig unabhängig voneinander variieren und bei gemeinsamer Verwendung die vollständige Information über die Unterschiede zwischen zwei Elementen liefern. Ein Zusammenhang beider Konzepte mit der euklidischen Distanz läßt sich leicht über den Kosinussatz der Trigonometrie herstellen (vgl. u.a. Sperner 1969, S.79).

Trotz der einfachen Zerlegbarkeit der euklidischen Distanz in Form- und Größenkomponenten und ihrer leichten Interpretationen sind die bislang besprochenen Konzepte in der Praxis relativ selten verwandt worden; denn wichtige formale wie inhaltliche Voraussetzungen für ihre Anwendbarkeit sind häufig nicht erfüllt. So kann die anschauliche Form in der oben beschriebenen Art nur dann zum Vergleich der Elemente herangezogen werden, wenn sämtliche Merkmale in gleichen Maßeinheiten erhoben wurden und den Einheiten unterschiedlicher Merkmale eine vergleichbare inhaltliche Bedeutung zukommt (vgl. Cronbach und Gleser 1953, S.459). Darüber hinaus muß ein Zusammenhang zwischen dem gewählten Ähnlichkeitskonzept und dem angestrebten Ziel der Klassifikation erkennbar werden.

Beispiel:

. Tiere können anhand ihrer Schädel nach Arten klassifiziert werden. Die Tiere entstammen unterschiedlichen Arten und standen 'zu Lebzeiten' in unterschiedlichen Phasen des Wachstums. Die Schädel unterscheiden sich hinsichtlich ihrer Größe und ihrer Form. Ohne jegliche Vorkenntnisse über den Untersuchungsbereich wären wir in einer schwierigen Lage. Weder von den Größen- noch von den Formunterschieden können wir sagen, inwieweit sie auf die uns interessierende Abstammung aus unterschiedlichen Arten und inwieweit sie auf das für unseren Untersuchungszweck belanglose Alter der Tiere zurückgehen. Könnten wir jedoch aus unseren Vorkenntnissen ableiten, daß sich die Form der Schädel im Wachstumsprozeß nicht ändert, so hätten wir in der Form der Schädel einen Aspekt der Ähnlichkeit mit Bedeutung für das Untersuchungsziel gefunden. Zumindest wäre das gewählte Formkonzept nicht - wie etwa die euklidische Distanz - durch die altersbedingten und deshalb irrelevanten Größenunterschiede gestört.

In vielen praktischen Fällen wird sich keine inhaltliche Begründung für die Wahl eines der Anschauung entlehnten Form- und Größenkonzeptes finden lassen. Werden mehr als drei Merkmale für die Kennzeichnung der Elemente verwandt, beschreiben die Merkmale nicht die räumliche Ausdehnung der Elemente, sind sie nicht in gleichen Maßeinheiten erhoben, oder ist die Bedeutung formal identischer Maßeinheiten bei unterschiedlichen Merkmalen nicht vergleichbar, so verlieren Form- oder Größenkonzepte der bislang beschriebenen Art jeglichen Sinn. Das gilt besonders für jene Fälle, in denen die genannten Defekte durch Standardisierung behoben wurden. Was nach der Standardisierung als "Form" erkennbar bleibt, ist zumindest teilweise ein Artefakt der Merkmalstransformationen. Wir müssen deshalb in solchen Fällen nach anderen, weniger stark der Anschauung entlehnten Konzepten für den Vergleich der Elemente suchen.

3.2.3. Spezifizierung von Ähnlichkeitskomponenten II: Mittelwert und Streuung

Lösungsansätze finden wir vor allem in der psychologischen Literatur, wo sie unter dem Stichwort "Profilanalyse" behandelt werden (s. u.a. Cattell, Coulter und Tsujioka 1966; Cronbach und Gleser 1953). Elemente werden dabei zur Erleichterung der graphischen Präsentation im Gegensatz zur bisherigen Darstellung nicht als Punkte im M-dimensionalen Merkmalraum, sondern in einem zweidimensionalen Diagramm durch das Profil ihrer M-Merkmalswerte gekennzeichnet. Die Unterschiede jeweils zweier Elemente sind durch den Vergleich ihrer Profile bestimmt (s. Abb. 25). Der Vergleich kann jegliche Abweichung von der vollständigen Deckungsgleichheit zweier Profile erfassen; dieses entspricht den früher behandelten allgemeinen Distanzmaßen. Der Vergleich kann aber auch einzelne Aspekte der Profilabweichungen gezielt von der weiteren Betrachtung ausschließen; dieses führt unmittelbar auf die hier zu behandelnden Probleme der Entwicklung spezifischer Ähnlichkeits- bzw. Unähnlichkeitsmaße.

Bei der Beschreibung der Profile unterscheidet man drei Komponenten: Profilhöhe ('elevation, level'), Profilstreuung ('scatter, accentuation') und Verlaufsgestalt ('shape'; vgl. Baumann 1971, S.30 f). Mit der Profilhöhe wird die durchschnittliche Größe der Merkmalswerte eines Elementes bezeichnet. Eine Beschränkung auf diesen und nur diesen Aspekt des Profils kann sinnvoll sein, wenn alle Merkmale additiv Auskunft über eine gemeinsame, für die Untersuchung wesentliche Eigenschaft der Elemente geben. Die Profilhöhe ähnelt damit dem in Abschnitt 3.2.2 diskutierten Größenkonzept.

Mit der Profilstreuung bezeichnet man die Stärke des "Ausschlages" eines Profils nach beiden Seiten. Die Profilstreuung wird häufig als Summe der quadratischen Abweichungen oder als mittlere quadratische Abweichung (Varianz) aller Merkmalswerte eines Elementes von ihrem gemeinsamen Mittelwert (d.h. von der Profilhöhe) definiert. Eine Beschränkung der Betrachtung auf die Profilstreuung ist angezeigt, wenn die Größe der Merkmalswerte keine für die angestrebte Untersuchung wesentliche Information enthält und es stattdessen allein auf die Unterschiede zwischen den Werten verschiedener, das gleiche Element kennzeichnender Merkmale ankommt.

Beispiel:

- Es sollen die Leistungen verschiedener Personen bei unterschiedlichen Testbedingungen untersucht werden. Wird nun die Leistung jeder Person unter jeder von M unterschiedlichen Testbedingungen gemessen und werden je zwei Personen hinsichtlich ihrer Leistungsprofile verglichen, so enthalten die Profile neben den Leistungsschwankungen, auf welche sich die Untersuchung konzentrieren will, auch Unterschiede in der generellen Leistungshöhe zweier Personen; letztere sind aber für das Untersuchungsziel unerheblich und daher auszuschließen.

Entsprechendes gilt auch für den Ausschluß der Profilstreuung. Bereinigt man Profile durch Ausschluß sowohl der Profilhöhe als auch der Profilstreuung, so bleibt als Restgröße die sog. Verlaufsgestalt übrig. Die Abbildungen 25-27 zeigen anhand eines numerischen Beispieles von L.J. Cronbach und G.C. Gleser (1953, S.460 f), wie die ursprünglichen Profile der Elemente A, B und C (s. Abb. 25) zunächst durch Ausschluß der Profilhöhe (s. Abb. 26) und sodann durch Ausschluß der Profilstreuung (s. Abb. 27) auf bestimmte Aspekte der Unterschiede zwischen den Elementen reduziert werden.

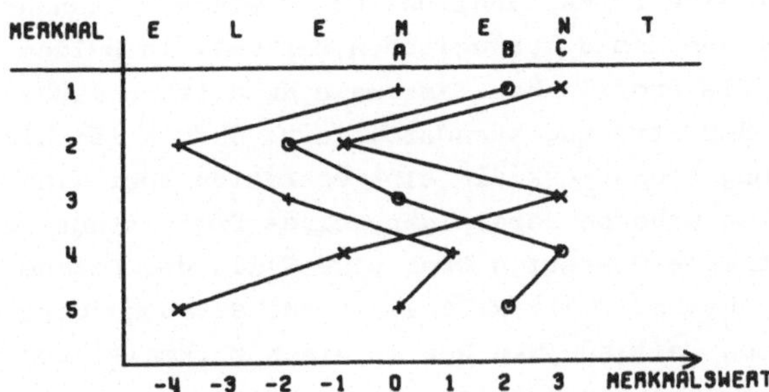

Abbildung 25: "Ursprüngliche" Profile der Elemente A, B und C

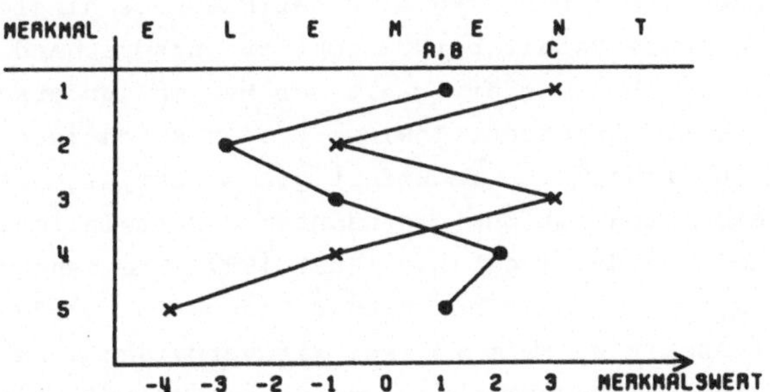

Abbildung 26: Profile nach Ausschluß der Profilhöhe

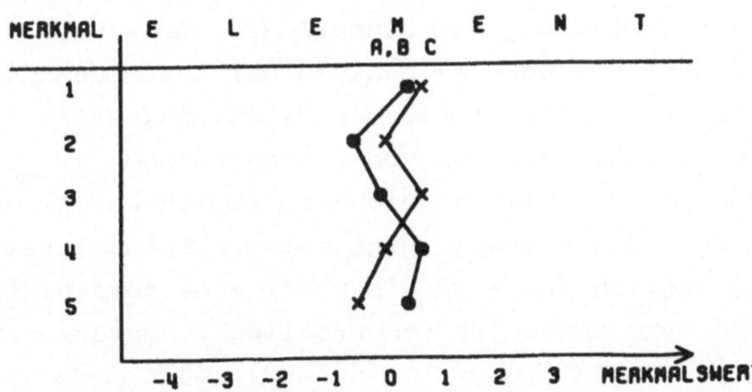

Abbildung 27: Profile nach Ausschluß der Profilhöhe und Profilstreuung

Die Verlaufsgestalt ergibt sich aus dem ursprünglichen Profil auf eine formal ähnliche Weise wie ein standardisiertes Merkmal aus dem ursprünglichen Merkmal: in beiden Fällen werden die Profile bzw. Merkmale am arithmetischen Mittel und an der Streuung standardisiert. Jedoch ist die Standardisierung eines Merkmals eine Operation über eine Spalte, die entsprechende Bereinigung eines Profils zur Verlaufsgestalt eine Operation über eine Zeile der Datenmatrix (s. o. Abschn. 2.1): Mittelwert und Streuung berechnen sich im ersten Fall aus den Werten eines Merkmals über alle Elemente, im zweiten Fall aus den Werten eines Profils bzw. eines Elements <u>über alle Merkmale.</u> Die Verlaufsgestalt enthält nur noch Informationen über die Richtung und das relative Ausmaß der Unterschiede zwischen den Merkmalswerten eines Elementes. Der Vergleich der Elemente hinsichtlich ihrer Verlaufsgestalt berücksichtigt entsprechend nur die Gleich- bzw. Ungleichartigkeit der Merkmalsunterschiede in diesen beiden Aspekten. Inwieweit sich solcherart reduzierte Vergleiche inhaltlich rechtfertigen lassen, ist insbesondere im Zusammenhang mit der sogenannten Q-Korrelationsanalyse diskutiert worden (vgl. u.a. Burt 1937; Stephenson 1952, S.483-498). Eine Aufnahme dieser Diskussion würde im Rahmen unserer Arbeit zu weit führen. Wir verweisen deshalb auf eine Diskussion der Zusammenhänge zwischen Verlaufsgestalt und Korrelationskoeffizienten in L.J. Cronbach und G.C. Gleser (1953, S.463 ff) und beschränken uns auf die Wiedergabe ihrer Schlußfolgerung: So sinnvoll ein Ausschluß von Mittelwert und Streuung bei der Analyse der Zusammenhänge <u>zwischen Merkmalen</u> (R-Analyse mittels Korrelationskoeffizienten) auch sein mag, für die Analyse von Zusammenhängen <u>zwischen Elementen</u> (Q-Analyse) ist er nicht zu empfehlen. Allgemeine Distanzmaße oder - soweit eine entsprechende inhaltliche Begründung möglich ist - um die Profilhöhe bereinigte Distanzmaße sind beim Vergleich von Profilen zu bevorzugen.

Die Praxis ist dieser Empfehlung von Cronbach und Gleser weitgehend gefolgt. Große Verbreitung im Rahmen von Klassifikationsverfahren haben dabei zwei Maße von L.S. Penrose (1954) gefunden. Penrose zerlegt die mittlere quadratische Merkmalsdifferenz (s. o. Abschn. 3.2.1) in (a) eine Größen- ("size") und (b) eine Gestalt-Komponente ("shape"), die weitgehend (a) der Profilhöhe bzw. (b) der Profilstreuung und Verlaufsgestalt (ungetrennt) ähneln. Für die Distanz zwischen zwei beliebigen Elementen A und B gilt:

$$\frac{1}{M}\, d^2(A,B;\ \text{Euklid}) = d^2(A,B;\ \text{size/Penrose}) + d^2(A,B;\ \text{shape/Penrose})$$

Dabei ist die erste Komponente (size/Penrose) als quadrierte Differenz der durchschnittlichen Merkmalsgröße beider Elemente

$$d^2(A,B;\ \text{size/Penrose}) = \left(\frac{1}{M}\sum_{j=1}^{M} X_{Aj} - \frac{1}{M}\sum_{j=1}^{M} X_{Bj}\right)^2$$

und die zweite Komponente als "Restgröße" definiert:

$$d^2(A,B;\ \text{shape/Penrose}) = \frac{1}{M} d^2(A,B;\ \text{Euklid}) - d^2(A,B;\ \text{size/Penrose})$$

Anzumerken ist, daß die beiden von Penrose vorgeschlagenen Abstandskomponenten in dieser Form ebensowenig Metriken sind wie die mittlere quadratische Merkmalsdifferenz, aus der sie abgeleitet wurden. Zur Information über die Invarianzeigenschaften beider Maße verweisen wir auf A.J. Boyce (1969).

3.3. Ähnlichkeit zwischen Elementen auf der Grundlage zweiwertig qualitativer Merkmale

3.3.1. Übernahme von Ähnlichkeitsmaßen für quantitative Merkmale

Im Abschnit 2.6.1 wurde gezeigt, daß zweiwertig qualitative Merkmale wie metrische Merkmale behandelt werden können, deren Merkmalsausprägungen auf die Werte 0 und 1 beschränkt sind und daß es in der Regel willkürlich bleibt, welchem der beiden Ausprägungen der Wert 0 und welchem der Wert 1 zugewiesen wird. Von daher liegt es auch nahe, für zweiwertig qualitative Merkmale die gleichen Ähnlichkeitskonzepte zu wählen wie für quantitative Merkmale. Trotzdem ist zu fragen, ob ihre Übertragung auf zweiwertig qualitative Merkmale über die formale Zulässigkeit hinaus auch sinnvoll ist.

(1) Relativ geringe Probleme bereitet die Übernahme der allgemeinen Distanzmaße (s. o. Abschn. 3.2.1): Ist die Frage nach der Äquivalenz verschiedener Merkmale oder ihrer Maßeinheiten einmal gelöst, wie wir in diesem Kapitel stets vereinfachend annehmen, so kann die Zusammenfassung der M Merkmalsdifferenzen zwischen zwei Elementen zu einem einzigen Distanzmaß bei quantitativen wie bei zweiwertig qualitativen Merkmalen mit den Werten 0 und 1 auf gleiche Weise erfolgen. Die gleichen Argumente, welche bei quantitativen Merkmalen ohne direkten Bezug zur räumlichen Ausdehnung der Elemente u.U. gegen die Wahl der euklidischen und für die city-block-Distanz sprechen, sind auch bei zweiwertig qualitativen Merkmalen zu beachten.

(2) Einer Übernahme der Form- und Größenkonzepte für zweiwertig qualitative Merkmale steht zunächst ähnlich der Übernahme der euklidischen Distanz entgegen, daß diesen Merkmalen inhaltlich keine räumliche Ausdehnung der Elemente entspricht. Damit wird zweifelhaft, ob diese Konzepte auf sinnvolle Weise inhaltlich bestimmte Ähnlichkeitsvorstellungen beschreiben können.

Daneben gibt es auch ein formales Argument gegen die Anwendung der Form- und Größenkonzepte auf zweiwertig qualitative Merkmale: Die Existenz nur zweier Ausprägungen pro Merkmal läßt keine voneinander unabhängigen Größen- und Formdifferenzierungen der Elemente zu: So sind z.B. Verschiebungen der

Elemente auf einem Fahrstrahl aus dem Ursprung, wie sie die Invarianzeigenschaft des im Abschnitt 3.2.2 beschriebenen Winkelabstandes veranschaulichen, bei zweiwertig qualitativen Merkmalen mit ihren allein zulässigen Werten O und 1 nicht möglich!

(3) Inhaltliche Anwendungsprobleme der Form- und Größenkonzepte führten uns bei quantitativen Merkmalen zur Zerlegung des Distanzmaßes in den Merkmalsmittelwert und die Merkmalsstreuung (bzw. in Profilhöhe sowie Profilstreuung und Verlaufsgestalt). Dieser Ausweg bietet sich auch für zweiwertig qualitative Merkmale an. Jedoch muß beachtet werden, daß die Zuweisung der Werte O und 1 zu den beiden Ausprägungen jedes zweiwertigen Merkmals willkürlich geschieht. Sowohl die Profilhöhe wie auch die Profilstreuung sind demnach Artefakte dieser Zuweisung von Merkmalswerten und geben keine Information über das zu beschreibende Element. Die in Abschnitt 3.2.3 beschriebenen Konzepte sind deshalb nur dann auf zweiwertig qualitative Merkmale anwendbar, wenn sämtliche zweiwertig qualitativen Merkmale aus ursprünglich quantitativen oder ordinalen Merkmalen entstanden sind. Nur dann nämlich ist die Richtung der Ausprägungen jedes Merkmals bestimmt und die Zuweisung der Werte O bzw. 1 der Willkür enthoben.

Fassen wir unsere Vorüberlegungen kurz zusammen: Abgesehen von den zuletzt genannten Ausnahmefällen sind von den bislang behandelten Konzepten für zweiwertig qualitative Merkmale einzig die allgemeinen Ähnlichkeits- bzw. Unähnlichkeitsmaße angemessen. Im folgenden wollen wir uns auf solche allgemeinen Ähnlichkeitsmaße für zweiwertig qualitative Merkmale konzentrieren. Die Klassifikationsliteratur enthält eine große Zahl von Vorschlägen für solche Maße (s. u.a. Sokal und Sneath 1963, S.125 ff). Die Maße unterscheiden sich vor allem durch die Art, wie der gemeinsame Besitz und Nichtbesitz von Merkmalen zweier Elemente bei der Zusammenfassung zu einem Ähnlichkeitsmaß behandelt wird. Inhaltlich geht es dabei vor allem um die Frage, ob dem gemeinsamen Besitz von Merkmalen (a) gleiches oder (b) geringeres bzw. größeres Gewicht als dem gemeinsamen Nichtbesitz von Merkmalen zukommen soll. Da die Entscheidung dieser Frage von Bedeutung für die formalen Eigenschaften der so definierten Ähnlichkeitsmaße ist, wollen wir die aus beiden Entscheidungen folgenden Maße getrennt diskutieren[1]. Zuvor sollen jedoch einige Schreibkonventionen festgelegt werden:

Der Vergleich zweier Elemente über alle ihre zweiwertig qualitativen Merkmale bringt hinsichtlich jedes einzelnen Merkmals eine von vier möglichen Ergebnissen: (1) Beide Elemente können das Merkmal besitzen, (2) beide können es nicht besitzen (3) nur das erste Element oder (4) nur das zweite Element kann das Merkmal besitzen. Der Vergleich über alle Merkmale erfolgt entsprechend durch Zählen, wie oft diese vier Möglichkeiten unter den M Einzelvergleichen vorkommen. Das Ergebnis wird in einer Vierfeldertafel dargestellt.

Tabelle 7: Vierfelder-Häufigkeitstabelle

Element B / Element A	Besitz der Eigenschaft j ('1')	Nichtbesitz d.Eigenschaft j ('O')	Zeilen-Summe
Besitz der Eigenschaft j('1')	a	b	a + b
Nichtbesitz d.Eigenschaft j('O')	c	d	c + d
Spalten-summe	a + c	b + d	a+b+c+d = M

1) Ein formaler Ansatz, der beide Teilgruppen umfaßt, ist von J.C. Gower (1971 B) vorgeschlagen worden. Gower diskutiert

Die Notation ist formal die Gleiche, wie sie in der sogenannten R-Analyse zur Beschreibung von Zusammenhängen zwischen Merkmalen benutzt wird (vgl. Benninghaus 1974, S.72). Während dort jedoch zwei Merkmale über alle N Elemente miteinander verglichen werden und die vier Fächer der Tabelle entsprechend die Häufigkeiten (a, b, c, d) der Elemente mit bestimmten Kombinationen der Ausprägungen beider Merkmale kennzeichnen, wird hier in der sogenannten Q-Analyse der Vergleich zweier Elemente über alle M Merkmale vorgenommen.

3.3.2 Gleiche Gewichtung gemeinsamen Besitzes und Nichtbesitzes von Eigenschaften

Soweit den beiden Ausprägungen (o,1) jedes zweiwertig qualitativen Merkmals die gleiche Bedeutung für die Ähnlichkeit zwischen zwei Elementen zukommen soll, muß nur noch zwischen zwei verschiedenen Vergleichsergebnissen pro Merkmal unterschieden werden: Entweder sind zwei Elemente hinsichtlich eines Merkmals einander gleich (o,o oder 1,1) oder ungleich (1,o oder o,1). Entsprechend können in der Vierfeldertafel (s. o. Tab. 7) auch die Häufigkeiten a und d bzw. b und c zusammengefaßt werden: Zwei Elemente sind beim Vergleich über M Merkmale einander umso ähnlicher, je mehr Merkmalsausprägungen sie gemeinsam haben (a + d) bzw. umso unähnlicher, in je mehr Merkmalen sie voneinander abweichen (b + c). Da wir bisher die Ähnlichkeit zwischen Elementen stets als "Distanz" zwischen ihnen derart gekennzeichnet haben, daß ein Maß umso größere Werte einnimmt, je weniger ähnlich die Elemente sind bzw. je größer der Abstand zwischen ihnen ist, muß also die Zahl der zwischen zwei Elementen unterschiedlichen Merkmalen (sogenannte Hamming-Distanz[1]) als adäquates Maß für ihren

---

in dieser Arbeit auch, unter welchen Bedingungen das von ihm vorgeschlagene Ähnlichkeitsmaß bzw. eine bestimmte, monotone Funktion desselben die Bedingungen einer Metrik erfüllt.

1) Vgl. R.W. Hamming, Error-detecting and Error-correcting Codes, Bell-System Tech. J. 29 (1950), S.147-160.

Abstand gewählt werden:

$$d(A,B;\ \text{Hamming}) = b + c$$

Damit haben wir den Abstand zwischen zwei Elementen als Funktion der Häufigkeit bestimmter Merkmalkombinationen zweier Elemente (nämlich 1,o und o,1) ausgedrückt. Das gleiche Ergebnis könnten wir auch erzielen, wenn wir die absoluten Merkmalsdifferenzen zwischen den beiden Elementen addieren: Bei Merkmalsungleichheit zwischen den beiden Elementen ist die Distanz der Merkmalswerte jeweils

$$\left\{ \begin{matrix} |0 - 1| \\ |1 - 0| \end{matrix} \right\} = 1,$$

bei Merkmalsgleichheit entsprechend

$$\left\{ \begin{matrix} |0 - 0| \\ |1 - 1| \end{matrix} \right\} = 0.$$

Die Summe der absoluten Merkmalsdifferenzen hat also den gleichen numerischen Wert wie die Zahl der Merkmale (Häufigkeit), in denen die beiden zu vergleichenden Elemente voneinander abweichen. Damit ist der oben definierte Hamming-Abstand für zweiwertig qualitative Merkmale gleich der früher behandelten city-block-Distanz[1]. Er erfüllt deshalb auch alle Bedingungen einer Metrik.

Praktische Verwendung in Klassifikationsverfahren hat der Hamming-Abstand unseres Wissens nur in seiner um die Zahl der Merkmale standardisierten Form gefunden. Er ist dann

---

1) Bei der Wahl der numerischen Werte O und 1 für die Ausprägungen der zweiwertig qualitativen Merkmale können Merkmalsdifferenzen wie deren Quadrate ebenfalls nur die Werte O und 1 annehmen. Damit ist der Hamming-Abstand auch gleich dem Quadrat der euklidischen Distanz:

$$d(A,B;\ \text{Hamming}) = d^2(A,B;\ \text{Euklid}) = d(A,B;\ \text{city-block})$$

$$b + c = \Sigma\,(X_{Aj} - X_{Bj})^2 = \Sigma\,|X_{Aj} - X_{Bj}|.$$

gleich der durchschnittlichen (absoluten) Merkmalsdifferenz (standardisierte city-block-Distanz) für zweiwertig qualitative Merkmale. Entsprechend den allein möglichen einzelnen Merkmalsdifferenzen von 0 und 1 ist auch die durchschnittliche Merkmalsdifferenz auf die Werte zwischen 0 und 1 standardisiert:

$$\bar{d}(A,B;\ \text{Hamming}) = (b + c)\ /\ M$$

Neben diesem Abstandsmaß werden in der Klassifikationsliteratur zahlreiche andere allgemeine Ähnlichkeitsmaße für zweiwertig qualitative Merkmale genannt. Sie unterscheiden sich formal einmal in ihrem Zähler, der (1) Summen oder Produkte der Häufigkeiten b und c, (2) der Häufigkeiten a und d oder (3) gewichtete Differenzen dieser Ausdrücke enthält. Zum anderen unterscheiden sie sich in der Art der Standardisierung, welche die Wertgrenzen des jeweiligen Ähnlichkeits- oder Unähnlichkeitsmaßes auf 0 bis 1, - 1 bis + 1 (entsprechend vielen Assoziations- und Korrelationskoeffizienten) oder auf andere Extremwerte festlegt.

Das Nebeneinander zahlreicher Ähnlichkeits- oder Distanzmaße ist so lange unproblematisch, als diese durch monotone Transformationen auseinander ableitbar sind. In diesem Falle ordnen sie nämlich die Element-Paare auf gleiche Weise. Im Verhältnis zur oben beschriebenen durchschnittlichen Merkmalsdifferenz $(b + c)/M$ gilt dies zum Beispiel für ein in Klassifikationsverfahren sehr häufig verwandtes Ähnlichkeitsmaß, welches von R.R. Sokal und P.H.A. Sneath (1963, S.129) "simple matching coefficient" (SMC) genannt wird. Im Gegensatz zu allen bisher beschriebenen Maßen, die im engeren Sinn Distanz- oder Unähnlichkeitsmaße sind, da sie mit wachsender Unähnlichkeit zweier Elemente größere numerische Werte einnehmen, nimmt der SMC mit wachsender Unähnlichkeit zweier Elemente immer kleinere Werte an:
$\ddot{a}(A,B;\ \text{SMC}) = 1 - \bar{d}(A,B;\ \text{Hamming}) = (a + d)/M.$

Zwar ist der SMC keine Metrik, da er die Dreiecksungleichung nicht erfüllt. Als monotone Funktion der oben beschriebenen durchschnittlichen Merkmalsdifferenz bringt er jedoch die Element-Paare abgesehen von der Richtung in die gleiche Ordnung wie diese und erzeugt deshalb mit Klassifikationsverfahren, die keine Metrik voraussetzen, auch die gleiche Klasseneinteilung[1].

Wie W. Fernandez de la Vega (1967, S.508 ff) und I.C. Lerman (1970, S.19 ff) gezeigt haben, besitzen viele der gebräuchlichen Maße diese Eigenschaft jedoch nicht oder nur unter speziellen Bedingungen. Je nach Wahl des jeweiligen Ähnlichkeitsmaßes werden die Elementpaare nach ihrer Ähnlichkeit <u>unterschiedlich</u> geordnet. Die im folgenden Kapitel zu besprechenden Klassifikationsverfahren erzeugen deshalb auch unterschiedliche Klasseneinteilungen der Elemente. Wenn aber mit der Wahl des Ähnlichkeitsmaßes das Klassifikationsergebnis mitbestimmt werden kann, bedarf diese Wahl eingehender Begründung.

Leider ist jedoch unklar, worin die Vor- und Nachteile vieler der bislang vorgeschlagenen Maße liegen. Es fehlen allgemeine Kriterien für ihre Wahl, insbesondere hinsichtlich ihrer Angemessenheit bei unterschiedlichen Problemstellungen. Hier herrscht eine ähnliche Konfusion, wie sie lange Zeit im Bereich der R-Analyse bei der Wahl von Maßen für die Stärke

---

1) J.C. Gower (1971 B, S.860 f) zeigt darüber hinaus allgemein, daß Ähnlichkeitsmaße dieser oder anderer Art durch die Funktion

$$d(A,B) = (1 - ä\,(A,B))^{1/2}$$

in metrische Distanzmaße umgewandelt werden können. Voraussetzung dazu ist, daß die Ähnlichkeitsmatrix positivsemidefinit ist und die Ähnlichkeitsmaße auf die Werte

$$|ä| \leq 1$$

standardisiert sind.

von Zusammenhängen zwischen zwei Merkmalen bestand. Wie es dort Versuche zur Lösung der Probleme durch Definition allgemeiner Kriterien gegeben hat (vgl. u.a. Goodman und Kruskal 1954; Costner 1965; Leik und Gove 1969), wurden solche Kriterien auch für Ähnlichkeitsmaße im Bereich der Q-Analyse sehr frühzeitig von L.C. Cole (1949) formuliert - allerdings nur für sehr spezielle Anwendungsgebiete. Diese Versuche haben die Inflation immer neuer und in ihren Vorzügen oder Nachteilen völlig undurchsichtiger Ähnlichkeitsmaße nicht verhindern können. Wir beschränken uns deshalb darauf, die Verwendung der durchschnittlichen Merkmalsdifferenz (oder monotoner Funktionen derselben) zu empfehlen, deren inhaltliche Bedeutung bereits hinreichend im Zusammenhang mit der city-block-Distanz besprochen wurde. Darstellungen verschiedener anderer Ähnlichkeits- bzw. Unähnlichkeitsmaße sind u.a. den Arbeiten von H.H. Bock (1974), L.C. Cole (1949), R.M. Cormack (1971), P. Dagnelie (1960), R.R. Sokal und P.H.A. Sneath (1963), F. Vogel (1973) und D. Wishart (1970) zu entnehmen.

3.3.3. Ungleiche Gewichtung gemeinsamen Besitzes und Nichtbesitzes von Eigenschaften

Es ist nicht unmittelbar einsichtig und bedarf deshalb einer Begründung, warum der gemeinsame Besitz und Nichtbesitz von Merkmalen bei der Berechnung von Ähnlichkeitsmaßen ungleich behandelt werden soll. Tatsächlich ist die Notwendigkeit solcher Differenzierung in der Literatur auch umstritten. Wir werden deshalb zunächst an einem Beispiel versuchen, das Problem zu beschreiben:

Beispiel:

. Im Zusammenhang mit Klassifikationsverfahren sind unseres Wissens Ähnlichkeitsmaße mit ungleicher Behandlung gemeinsamen Besitzes und Nichtbesitzes von Merkmalen erstmals in Untersuchungen über die Pflanzen-Ökologie entwickelt worden. Bodenflächen bestimmter Größe (Elemente) werden anhand der auf ihnen wachsenden Pflanzen miteinander verglichen. Merkmale sind dabei alle möglicherweise vorkommenden Pflanzen. Jedes dieser Merkmale hat zwei Ausprägungen: Die entsprechende Pflanze ist auf der untersuchten Bodenfläche zu finden (1) oder nicht zu finden (0).

Man vergleicht nun zwei Bodenflächen A und B anhand von 100 möglicherweise vorkommenden Pflanzen (Merkmale) miteinander und kennzeichnet ihre Ähnlichkeit durch eines der eben beschriebenen Maße. Kommen auf beiden Flächen jeweils nur zwei Pflanzen tatsächlich vor, so kann ihre (city-block-)Distanz minimal 0 und maximal 4 Pflanzen bzw. ihre durchschnittliche Merkmalsdifferenz zwischen 0/100 und 4/100 betragen. Der Abstand zwischen zwei Flächen, auf denen jeweils 10 Pflanzen wachsen, kann demgegenüber zwischen 0 und 20 bzw. zwischen 0/100 und 20/100 schwanken.

Unterscheidet sich nun das erste Flächenpaar in beiden Pflanzen und das zweite Paar in 5 von 10 Pflanzen (s. Tab. 8A und B), so beträgt der Abstand im ersten Falle 4 bzw. 4/100 und im zweiten Falle 10 bzw. 10/100. Obwohl die Flächen des zweiten Paares immerhin zur Hälfte gemeinsame Pflanzenarten tragen, gelten sie aufgrund des gewählten Maßes als unähnlicher als die Flächen des ersten Paares.

Tabelle 8: Vergleich zweier Flächen nach der Zahl gleicher / ungleicher Pflanzen ('1': Pflanze vorhanden; '0': Pflanze nicht vorhanden)

(A)

	Fläche B		
Fläche A	1	0	Summe
1	0	2	2
0	2	96	98
Summe:	2	98	100

(B)

	Fläche D		
Fläche C	1	0	Summe
1	5	5	10
0	5	85	90
Summe:	10	90	100

Intuitiv erscheint ein solches Ergebnis als unbefriedigend. Bevor wir jedoch diesen Zweifeln weiter nachgehen, sollten wir uns zunächst über die möglichen inhaltlichen Untersuchungsziele bei der Ordnung von Flächen nach ihrem Pflanzenbewuchs klar werden: Man könnte etwa die Flächen nach ihrer <u>Fruchtbarkeit</u> ordnen wollen und dabei die Zahl der Pflanzen oder deren Gewicht als wesentlich im Sinne des Klassifikationszieles ansehen; oder man könnte auf die Vielfalt des Bewuchses besonderen Wert legen und damit etwa die Zahl unterschiedlicher Pflanzen auf einem Flächenstück für wesentlich halten. In beiden Fällen würde der Klassifikationsraum auf nur eine Dimension reduziert (Zahl der Pflanzen, Gewicht der Pflanzen, Zahl der unterschiedlichen Pflanzen). Andererseits könnte man aber auch die Flächenstücke nach der Struktur des Pflanzenbewuchses vergleichen wollen und in erster Linie danach fragen, inwieweit gleiche und inwieweit unterschiedliche Pflanzen auf ihnen wachsen.

Diesem letzten Untersuchungsziel würde an sich der oben beschriebene Ansatz mit seinem Vergleich der Flächen über alle M möglicherweise darauf wachsenden Pflanzen entsprechen. Gegen die Wahl eines der bisher genannten Ähnlichkeitsmaße spricht jedoch, daß die Ergebnisse ganz offensichtlich nicht nur durch die Gleich- bzw. Ungleichartigkeit des Pflanzenbewuchses der Flächen, sondern auch durch die Zahl der auf diesen Flächen wachsenden Pflanzen bestimmt sind. Geht man davon aus, daß die Zahl der jeweils tatsächlich auf den Flächenstücken wachsenden Pflanzen sehr gering ist gegenüber der Zahl der in die Untersuchung einbezogenen Pflanzen (Merkmale), so würden alle Ähnlichkeitsmaße der bislang besprochenen Art von der Zahl der auf beiden zu vergleichenden Flächen gemeinsam nicht vorkommenden Pflanzen dominiert ("double negativ matches"). Es besteht also nur hinsichtlich solcher Pflanzen die Chance einer Abweichung zwischen zwei Flächen, die auf mindestens einer der Flächen vorkommen; je weniger Pflanzen auf den zu vergleichenden Flächen wachsen, desto weniger Merkmalsabweichungen kann es geben.

Will man diesen störenden Faktor ausschalten, so müßte das entsprechende Ähnlichkeitsmaß um die Zahl der jeweils auf den beiden zu vergleichenden Flächen tatsächlich wachsenden Pflanzen statt - wie etwa bei der durchschnittlichen Merkmalsdifferenz - um die Zahl der insgesamt beachteten Pflanzen

(Merkmale, M) standardisiert werden. Es blieben damit alle Fälle des gemeinsamen Nichtbesitzes eines Merkmals, und dieses ist im obigen Anwendungsbeispiel der weitaus größte Teil aller M Merkmale, bei der Standardisierung des Ähnlichkeitsmaßes unberücksichtigt. In Anlehnung an die durchschnittliche Merkmalsdifferenz müßte man etwa folgendes "asymmetrisches" Abstandsmaß definieren:

$$d(A,B;\ \text{asymm.}) = (b + c)\ /\ (m - d) = (b + c)\ /\ (a + b + c)$$

Bezieht man dieses Abstandsmaß auf die beiden einleitenden Beispiele, so unterscheiden sich die Flächen des ersten Paares in allen vier von vier vorkommenden Pflanzen (s. Tab. 8A), was zu dem größtmöglichen Abstand von

$$d(A,B;\ \text{asymm.}) = (2 + 2)\ /\ (0 + 2 + 2) = 1$$

führt. Die Flächen des zweiten Paares unterscheiden sich dagegen nur in 10 von insgesamt 15 vorkommenden Pflanzen (s. Tab. 8B), was zu einem wesentlich kleineren Abstand führt:

$$d(A,B;\ \text{asymm.}) = (5 + 5)\ /\ (5 + 5 + 5) = 0{,}67$$

Anhand des Beispiels dürfte verständlich geworden sein, daß in bestimmten Fällen die ungleiche Behandlung gemeinsamen Besitzes und Nichtbesitzes von Merkmalen aus inhaltlichen Gründen notwendig wird; dies gilt allgemein dort, wo gemeinsamer Besitz und gemeinsamer Nichtbesitz von Merkmalen im Sinne des Untersuchungszieles Unterschiedliches für die Ähnlichkeit bzw. Unähnlichkeit zwischen Elementen bedeutet. Die bislang bekannten Lösungsansätze zielen sämtlich auf den Fall, daß der Nichtbesitz von Merkmalen keine wesentliche Information für die angestrebte Klassifikation liefert und somit alle Merkmale, welche von keinem der jeweils zu vergleichenden Elemente besessen werden, aus dem Paarvergleich auszuscheiden sind.

Das eben definierte asymmetrische Abstandsmaß erfüllt diese Forderung. Es hat neben seinem einfachen Aufbau und seiner engen Verwandtschaft mit der city-block-Distanz den Vorteil, daß es wie dieses eine Metrik ist (vgl. Cormack, 1971, S.327; Ihm 1965, S.359 f). Zu Klassifikationszwecken ist es in dieser Form unseres Wissens bisher nicht herangezogen worden. Sein Einerkomplement gehört jedoch zu den ältesten und am häufigsten benutzten Ähnlichkeitsmaßen überhaupt und wird bis auf Arbeiten des französischen Biologen P. Jaccard (1901, 1908, vgl. Cormack, 1971, S.325; Sokal und Sneath 1963, S.129 ff) zurückverfolgt:

ä(A,B; Jaccard) = 1-d(A,B; asymm.) = a/(a + b + c)

Im Gegensatz zu den Distanzmaßen nimmt dieses Ähnlichkeitsmaß mit wachsender Ähnlichkeit zwischen Elementen immer grössere Werte an. Es steht zu dem oben genannten asymmetrischen Distanzmaß in gleicher Beziehung wie der "simple matching coefficient" (SMC) zur durchschnittlichen Merkmalsdifferenz. Wie der SMC ist er zwar keine Metrik, ordnet die Elementpaare jedoch als monotone Funktion der oben definierten Metrik (abgesehen von der Richtung) in gleicher Weise.

Die meisten anderen Ähnlichkeits- bzw. Unähnlichkeitsmaße mit ungleicher Gewichtung gemeinsamen Besitzes oder Nichtbesitzes von Merkmalen stellen dagegen weder Metriken dar noch lassen sie sich immer durch einfache, monotone Funktionen auf solche zurückführen (vgl. Williams und Dale 1965, S.49 f). Das allein wäre indessen nicht schlimm, da einige der später zu behandelnden Klassifikationsverfahren keine metrischen Ähnlichkeitsmaße benötigen. Jedoch ist mangels allgemeiner Kriterien unklar, inwieweit die verschiedenen Maße für die Anwendung auf bestimmte inhaltliche Probleme Vor- oder Nachteile bieten. Zahlreiche solcher Maße sind in H.H. Bock (1974, S.53 ff) sowie in R.R. Sokal und P.H.A. Sneath (1963, S.128 ff) beschrieben.

3.4. Fehlende Daten

Unabhängig von der Art des Meßniveaus kann sich bei der Berechnung eines Ähnlichkeitsmaßes das Problem fehlender Daten stellen. Radikale Vorschläge zur Lösung der entstehenden Probleme lauten etwa: Merkmale, zu denen nicht Informationen über sämtliche Elemente vorliegen und/oder Elemente, über die nicht Informationen zu sämtlichen Merkmalen ermittelt werden konnten, sind von der Klassifikation auszuschließen.

Soweit die Unvollständigkeit der Daten keine systematischen Ursachen hat, werden fehlende Daten verhältnismäßig weit über Elemente und Merkmale gestreut sein. Ein Ausschluß aller Elemente, zu denen nicht sämtliche Merkmale oder aller Merkmale, die nicht bei sämtlichen Elementen erhoben wurden, würde damit in vielen Fällen ein Ende der Untersuchung "mangels Masse" bedeuten.

Eine andere und in der sog. R-Analyse häufig gewählte Lösung besteht deshalb darin, die fehlenden Daten durch das arithmetische Mittel, den Median- oder den Modalwert des entsprechenden Merkmals zu ersetzen. Da wir jedoch bei der Suche nach einer Klasseneinteilung der Elemente voraussetzen, daß diese ungleichartig sind, d.h. unterschiedlichen und deutlich voneinander getrennten Klassen angehören, wäre es sinnwidrig, fehlende Daten bei Elementen aus allen Klassen durch einen einzigen Zentralwert zu ersetzen, der sich aus den Merkmalswerten der Elemente aller Klassen ergibt[1)]. Wohl könnte ein fehlendes Datum über ein Element durch den Merkmalsmittelwert <u>seiner Klasse</u> ersetzt werden. Diese ist jedoch unbekannt, da wir ohne Kenntnis der Klasseneinteilung auch

---

1) Ähnliche Probleme ergaben sich bei der Standardisierung der Merkmale, s. o. Abschn. 2.4.3.

nicht die Zugehörigkeit von Elementen zu bestimmten Klassen kennen.

Ein dritter Vorschlag dagegen wurde unter pragmatischen Gesichtspunkten und bei nur geringem Umfang fehlender Daten häufig in Klassifikationsverfahren gewählt: Er zielt auf den Ausschluß der unvollständig erhobenen Merkmale nur in jenen Paarenvergleichen, in denen zu einem der Elemente oder zu beiden entsprechenden Daten fehlen (vgl. Proctor 1966, S.132). Die Elemente werden damit in zum Teil unterschiedlichen Merkmalräumen miteinander verglichen (s. o. Abschn. 2.3). Die Folgen hat u.a. J.C. Gower (1971 B) untersucht. Für die von ihm vorgeschlagenen Ähnlichkeitsmaße zeigt Gower, daß sie bei fehlenden Daten unter Umständen ihre Eigenschaft der positiven Semidefinitheit und die korrespondierenden Distanzmaße ihre Eigenschaften als Metrik verlieren. Eine Entscheidungshilfe für den konkreten Anwendungsfall ist damit jedoch nicht gegeben, da nicht spezifiziert werden kann, bei welcher Art und von welchem Umfang an fehlende Daten eine ernsthafte Störung der Ergebnisse herbeiführen.

Alle vorgeschlagenen Lösungen der letztgenannten Art sollen vermeiden, daß fehlende Daten einseitig als Verstärkung oder Abschwächung der Ähnlichkeit zwischen zwei Elementen gewertet werden. Zum Vergleich jeweils zweier Elemente A und B werden genau jene Merkmale herangezogen, zu denen Informationen über beide Elemente vorliegen. Anschließend werden die entsprechenden Ähnlichkeitsmaße an der Zahl der jeweils verfügbaren Merkmale $M_{AB} \leq M$ standardisiert. Als Beispiel für ein solcherart standardisiertes Maß sei die durchschnittliche euklidische Distanz (s. o. Abschn. 3.2.1) angeführt (vgl. Bock 1974, S.75 f):

$$\bar{d}'(A,B;\ \text{Euklid}) = \sqrt{\frac{1}{M_{AB}} \sum_{j=1}^{M} (X_{Aj'} - X_{Bj'})^2}$$

(j' nimmt alle Werte von j = 1,2,...M an, soweit für das Merkmal j Informationen über beide Elemente vorliegen)

Weitere Korrekturen für den Fall, daß die Zahl der jeweils zum Vergleich verschiedener Elementpaare A und B verfügbaren Merkmale M_{AB} stark schwankt, schlägt J. Rubin (1967, S.127 f) vor. Die Korrekturen werden jedoch erst nötig, wenn sich fehlende Daten bei einzelnen Elementen konzentrieren. Für solche Fälle aber ist zu bedenken, ob wegen der völlig ungeklärten formalen Eigenschaften des berechneten Ähnlichkeitsmaßes nicht doch ein Ausschluß der entsprechenden Elemente vorzuziehen sei.

3.5. Zusammenfassung

In diesem Kapitel haben wir einige Konzepte zur Beschreibung der Ähnlichkeit bzw. Unähnlichkeit zwischen jeweils zwei Elementen und ihre Zusammenhänge mit den Strukturen möglicher inhaltlicher Problemstellungen kennengelernt. Der in einer einführenden Darstellung angestrebten Vereinfachung entsprechend setzten wir dabei alle in Kapitel 2 behandelten Probleme als gelöst voraus. Für die Diskussion von Ähnlichkeitskonzepten folgte daraus: Der Merkmalraum wird durch orthogonale (rechtwinklige) Merkmalsachsen aufgespannt. Alle Merkmale sind entweder quantitativ oder zweiwertig qualitativ. Die Beschreibung der Ähnlichkeit zwischen Elementen, die in diesem Raum dargestellt sind, kann sich auf geometrische Vorstellungen stützen, wie sie uns aus dem anschaulichen Raum bekannt sind.

Bei der Behandlung der Ähnlichkeits- bzw. Unähnlichkeitsmaße beschränkten wir uns auf einige wenige Konzepte, die sich mit hinlänglicher Deutlichkeit auf mögliche Strukturen inhaltlicher Fragestellungen zurückverfolgen lassen. Zu fast jedem der behandelten Koeffizienten gibt es eine ganze Reihe anderer, verwandter Ähnlichkeitsmaße, unter denen jedoch im konkreten Fall eine Auswahl nur nach ad hoc gebildeten Kriterien möglich wäre.

Die vorgeschlagenen Maße ordnen die Elemente nach der Ähnlichkeit zwischen ihnen und geben in vielen Fällen bei Erfüllung aller Bedingungen für eine Metrik auch Aufschluß über die Größe der Ähnlichkeitsunterschiede. In diesem Fall ist - auch wenn es sich nicht um eine euklidische Metrik handelt - durch die Metrik ein Raum definiert, in dem wir uns die Abstände zwischen Elementen als euklidisch und die relative Anordnung der Elemente zueinander wie eine Anordnung im anschaulichen Raum denken können (Einschränkungen siehe Abschn.3.1).

Die relative Anordnung der Elemente im metrischen Raum wird der Suche nach einer Klasseneinteilung zugrunde gelegt. Soweit Klassifikationsverfahren unmittelbar und ausschließlich Informationen der Distanzmatrix benutzen, ist allein darauf zu achten, daß bei Wahl einer nicht-euklidischen Metrik arithmetische Operationen wie Multiplikationen oder Divisionen der Abstände unterbleiben. Soweit für die Klassifikationsverfahren eine dimensionale Darstellung der Elemente im metrischen Raum verlangt wird und die ursprüngliche Datenmatrix eine solche Darstellung nicht liefert, ist sie aus der Distanzmatrix zu erzeugen (s. o. Abschn. 3.1). Einzelheiten über die dazu notwendigen Schritte wurden in dieser Arbeit nicht behandelt.

Was in den vorangehenden Kapiteln 2 und 3 in voneinander isolierten Schritten beschrieben wurde, haben Statistiker auch in einem Zuge zu lösen versucht. So können unter besonderen Bedingungen auch in einem Merkmalraum mit "schiefwinkligen" Merkmalsachsen infolge redundanter Merkmale unmittelbar Distanzen zwischen je zwei Elementen berechnet werden. Ein generalisiertes Distanzmaß dieser Art für quantitative Merkmale hat P.C. Mahalanobis (1936; vgl. auch Rao 1952) vorgeschlagen, V. Balakrishnan und L.D. Sanghvi (1968) sowie T.W. Kurczynski (1970) übertrugen das Konzept auch auf qualitative Merkmale. Auf einige Probleme dieses Ansatzes haben wir in Abschnitt 2.4.4 (Zusammenhänge zwischen Merkmalen) hingewiesen: Mögliche Wege zur Überwindung der dort genannten Probleme und zur Beschreibung der Ähnlichkeit bzw. Distanz zwischen Elementen auch in nicht-homogenen Merkmalräumen[1] zeigt F.J. Rohlf (1970; vgl. auch Cormack 1971, S.324 ff; Williams und Dale 1965, S.52 f).

Abschließend sei darauf hingewiesen, daß in weiterführenden Arbeiten zur Klassifikation außer Konzepten zur Beschreibung der Ähnlichkeit bzw. Unähnlichkeit zwischen je zwei Elementen auch entsprechende Konzepte zur Beschreibung der Beziehungen zwischen Klassen dargestellt werden (vgl. Bock 1974, S.81 ff; Vogel 1973, Abschn. 232). In diesem Skriptum werden wir auf solche Konzepte nur relativ kurz im Zusammenhang mit der Darstellung einiger Klassifikationsverfahren eingehen (s. u. Abschn. 4.3).

---

1) Das sind Räume, in denen die gleiche relative Anordnung der Elemente zueinander in verschiedenen Unterräumen Unterschiedliches bedeutet.

4. Suche nach Typologien oder Klassifikationen

In diesem Kapitel soll uns die Ordnung einer Menge von Elementen in Typen oder speziell Klassen beschäftigen. Wie bereits im einleitenden Kapitel erwähnt, kann diese Ordnung willkürlich bzw. nach vorgefaßten theoretischen Gesichtspunkten geschehen, in welchem Falle wir von "künstlichen" Typologien bzw. Klassifikationen sprechen. Bei den uns hier allein interessierenden "natürlichen" Typologien dagegen suchen wir nach einer den Daten immanenten Struktur, die ihnen durch die Gesamtheit der ausgewählten Merkmale und ihrer Verteilungen aufgeprägt ist.

Die Suche nach einer natürlichen Ordnung der Elemente zielt nur scheinbar auf ein voraussetzungsloses Vorgehen. Zwar kann mit der natürlichen Ordnung eine gegebene, grundsätzlich beliebige und von unseren Vorstellungen und Interessen unabhängige Ordnung der Elemente gemeint sein. Doch müssen wir bei der Suche danach voraussetzen, daß diese eine, natürliche Ordnung existiert und uns fragen, wie diese Ordnung - wäre sie mehr oder weniger zufällig gefunden - als die natürliche Ordnung zu erkennen sei. Dies kann einmal <u>nachträglich</u> durch die Prüfung geschehen, inwieweit sich die gefundene Ordnung der Elemente als brauchbar für die angestrebten Zwecke erweist. Angesichts des Aufwandes, den die Datenerhebung und die Analyse der Daten im Rahmen eines Klassifikationsverfahrens erfordert, sollte man aber nach Möglichkeit bereits vorher aus den beabsichtigten Zwecken ableiten, welche Aspekte der natürlichen Ordnung der Elemente bedeutsam sind und welche mangels Bedeutung unbeachtet bleiben sollen. Gesucht ist also eine zwar natürliche, jedoch in ihrer Struktur durch die theoretischen oder praktischen Interessen vorbestimmte Ordnung. Wenn eine Ordnung dieser Struktur unter den Elementen existiert, dann soll sie durch die Klassifikation der Elemente aufgedeckt werden.

Zunächst gilt es, verschiedene der möglichen Vorstellungen über die Struktur von Klasseneinteilungen zu präzisieren. Anschließend werden wir uns mit Verfahren zur Suche nach solchen Klasseneinteilungen beschäftigen.

4.1. Vorstellungen über die gesuchte Struktur

Die überwiegende Mehrzahl bislang entwickelter Konzepte zur Klassifizierung von Elementen beruht auf geometrischen Grundmodellen: In ihrem Rahmen wird die Zugehörigkeit der Elemente zu gleichen oder ungleichen Klassen durch die Anordnung der Elemente in einem Raum, insbesondere durch die relative Lage der Elemente zueinander, bestimmt.

Die Voraussetzungen zur Wahl geometrischer Modelle wurden in den Kapiteln 2 und 3 ausführlich erörtert: Wir denken uns die Elemente in einem "Klassifikationsraum" derart geordnet, daß die Abstände zwischen ihnen die paarweisen Ähnlichkeiten bzw. Unähnlichkeiten anzeigen. Zur Vereinfachung berücksichtigen wir nicht mehr, auf welche Weise wir zu dieser Anordnung gekommen sind, ob also

- der Klassifikationsraum dem ursprünglichen bzw. modifizierten Merkmalraum entspricht
  oder ob durch Wahl einer nicht-euklidischen Metrik ein anderer metrischer Raum definiert wurde;
- die Informationen über die relative Anordnung der Elemente im Klassifikationsraum durch Angabe ihrer paarweisen Abstände (Unähnlichkeitsmatrix N,N) oder
  durch eine dimensionale Darstellung (Koordinatendarstellung) erfolgt, die entweder auf der ursprünglichen oder modifizierten Datenmatrix (N,M') beruht oder aus der Unähnlichkeitsmatrix (N,N) abgeleitet wurde (s. o. Abschn. 3.1).

Ausgeschlossen sind geometrische Modelle dagegen, wenn euklidische Abstände im Merkmalraum nicht die Ähnlichkeit der Elemente im Sinne des Klassifikationszieles widerspiegeln und wenn auch kein angemessenes anderes, metrisches Unähnlichkeitsmaß über dem Merkmalraum definiert werden kann. Für solche Fälle, in denen z.B. die Elemente nach ihrer Ähnlichkeit nur geordnet sind, wurden u.a. graphentheoretische Modelle vorgeschlagen (vgl. u.a. Jardine 1970, S.117). In dieser Arbeit werden wir uns damit nur am Rande beschäftigen.

Vorstellungen über die gesuchte Klasseneinteilung der Elemente stützen sich häufig auf folgende, grundlegende Forderungen:

(1) Elemente der gleichen Klasse sollen einander möglichst ähnlich bzw. "nahe" sein. Wir nennen dies die Forderung nach "interner Homogenität" der Klassen.

(2) Elemente unterschiedlicher Klassen sollen einander möglichst unähnlich bzw. "fern" sein. Diese Forderung richtet sich auf die "externe Isolierung" der Klassen (vgl. Cormack 1971, S.329; Cattell und Coulter 1966, S.337 ff).

Beide Forderungen können einzeln oder gemeinsam erhoben werden. Sie beschreiben dann unterschiedliche Strukturen. Wenn die Anordnung der Elemente im Klassifikationsraum entsprechend strukturiert ist, müssen je nach gestellten Forderungen auch unterschiedliche Klasseneinteilungen gesucht werden.

Zunächst zur Forderung nach interner Homogenität der Klassen: Ohne zusätzliche und einschränkende Randbedingungen begünstigt diese Forderung die i.d.R. unerwünschten Lösungen, daß nur die nicht unterscheidbaren Elemente, d.h. Elemente, die entweder merkmalsgleich sind oder zwischen denen aufgrund des gewählten Distanzmaßes ein Abstand $\hat{d} = 0$ besteht, gleichen Klassen, alle anderen Elemente jedoch unterschiedlichen Klassen zugeordnet werden (vgl. monothetische und polythetische Typologien, Abschn. 1.4). Jede Zusammenfassung von auch nur zwei unterscheidbaren Elementen in einer Klasse führt dagegen zu 'unvollkommener' Homogenität.

Nun lassen wir bei der Suche nach polythetischen Klassen zu, daß sich auch Elemente der gleichen Klasse in jedem einzelnen Merkmal unterscheiden. Solche Unterschiede sollten jedoch nicht in allen oder auch nur vielen Merkmalen gleichzeitig auftreten. Abweichungen hinsichtlich eines Merkmals dürfen deshalb nicht systematisch Abweichungen hinsichtlich anderer Merkmale nach sich ziehen. Letzteres kann aber nur erfüllt sein, wenn alle Merkmale innerhalb einer Klasse unabhängig voneinander variieren (vgl. Abschn. 2.2 und 2.4.4). Homogene, polythetische Klassen sollen deshalb im Klassifikationsraum Punktwolken in Form von "Hyperfußbällen" (bzw. "Hyperkugeln"; vgl. Cormack 1971, S.330) bilden. Allerdings bleibt damit immer noch ungeklärt, wie groß solche Hyperfußbälle sein dürfen; denn mit wachsendem Durchmesser wird der Abstand zwischen peripheren Elementen immer größer und die Homogenität der Klassen entsprechend immer geringer.

Es ist nicht schwer zu sehen, auf welche Art die Forderung nach größtmöglicher Homogenität spezifiziert werden müßte. Ergänzend werden Aussagen darüber erforderlich, inwieweit Abweichungen von der vollkommenen internen Homogenität zugelassen werden. Das kann z.B. durch die Aussage geschehen, wie unähnlich sich zwei Elemente der gleichen Klasse höchstens sein dürfen. Es kann auch durch die Vorgabe der Zahl der Klassen erfolgen. Tatsächlich verlangen viele Klassifikationsverfahren, welche nach Strukturen mit möglichst homogenen Klassen suchen, genau diese Vorgabe. Aus den inhaltlichen Zielsetzungen oder aus den meist spärlichen Vorkenntnissen über den Gegenstandsbereich ist aber häufig keine direkte Entscheidung über die Zahl der Klassen abzuleiten (vgl. u.a. Vogel 1973, Abschn. 242). Dies führt zur Suche nach indirekten Hinweisen auf die "natürliche Klassenzahl" anhand der Verteilung der Elemente im Klassifikationsraum.

Eine Möglichkeit zur Gewinnung solcher indirekten Hinweise eröffnet sich durch Strukturvorstellungen über die externe Isolierung (vgl. Cormack 1971, S.329) natürlicher Klassen: die Verteilungen der Elemente unterschiedlicher Klassen dürfen nicht fließend ineinander übergehen, sondern müssen deutlich voneinander abgehoben sein. Unterräume des Klassifikationsraums, in dem die Elemente einer Klasse konzentriert sind, müssen dieser Vorstellung zufolge von leeren Grenzzonen umgeben sein.

So kann z.B. gefordert werden, daß jedes Element den Elementen der gleichen Klasse ausnahmslos ähnlicher ist als anderen, nicht zur gleichen Klasse gehörenden Elementen. Abbildung 28 gibt ein geometrisches Beispiel dafür: Der Abstand zwischen peripheren Elementen innerhalb der Klassen A oder C (bzw. der Durchmesser der entsprechenden Punktwolken im Raum) muß kleiner sein als der Durchmesser der "leeren Grenzzone" (B) zwischen ihnen.

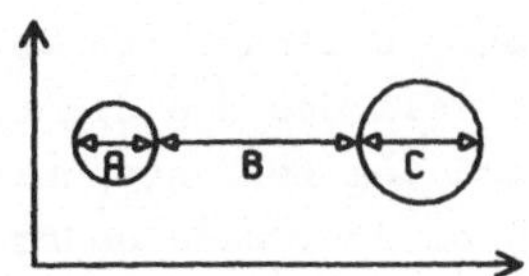

Abbildung 28: Mindestabstand zwischen peripheren Elementen unterschiedlicher Klassen

In dieser Schärfe führt die Forderung nach externer Isolierung der Klassen jedoch häufig zu ähnlich unerwünschten Ergebnissen wie die uneingeschränkte Forderung nach größtmöglicher interner Homogenität. Wenn periphere Elemente unterschiedlicher Klassen einander näher stehen als andere periphere Elemente der jeweils gleichen Klasse, oder wenn die Grenzzonen zwischen (im übrigen weit voneinander entfernten) Klassen nicht völlig leer sind, würden u.U. wieder nur identische Elemente in der gleichen Klasse zusammengefaßt werden können.

Schwächere Forderungen nach externer Isolierung beschränken sich deshalb darauf, daß jedes Element statt sämtlichen nur einem großen Teil der anderen Elemente seiner Klasse näher stehen muß als klassenfremden Elementen;oder es werden bei der Prüfung externer Isolierung nur Elemente berücksichtigt, die in dicht besetzten Zonen des Merkmalraums liegen, und entsprechend alle dünn besetzten Zonen als Grenzzonen zwischen Klassen behandelt (vgl. Wishart 1969A).

Was aber "dicht" und was "dünn" besetzte Zonen des Klassifikationsraumes sind, muß durch Schwellenwerte vorab festgesetzt werden. Die Ableitung solcher Schwellenwerte aus der beabsichtigten Verwendung der Klasseneinteilung wird in der Regel (wie die Ableitung der Zahl der Klassen, s.o.) Schwierigkeiten bereiten.

Die Abbildungen 29A-C illustrieren auf vereinfachende Weise, welche Strukturkonzepte die Kriterien der internen Homogenität und externen Isolierung einzeln sowie gemeinsam beschreiben: Abbildung 29A zeigt eine gleichmäßige Verteilung der N = 32 Elemente über einen Teil des zweidimensionalen Klassifikationsraumes. Allein nach dem Gesichtspunkt maximaler Homogenität sind 32 Klassen zu bilden. Jede andere Ordnung, welche dieses Kriterium erfüllen soll, müßte benachbarte Elemente zu möglichst kreisförmigen Punktwolken zusammenfassen; ein Beispiel ist die Zusammenfassung von je 4 Elementen zu einer Klasse, wie sie durch zwei Kreise in Abbildung 29A angedeutet ist. Hinsichtlich der Zahl der Klassen bleibt diese Ordnung jedoch völlig willkürlich. Beschreibt man die gesuchte Struktur zusätzlich durch die Forderung nach externer Isolierung der Klassen, so wird dagegen entscheidbar: die Menge der 32 Elemente besitzt - wenn man von der Einteilung in 32 Klassen absieht - keine Struktur der gesuchten Art.

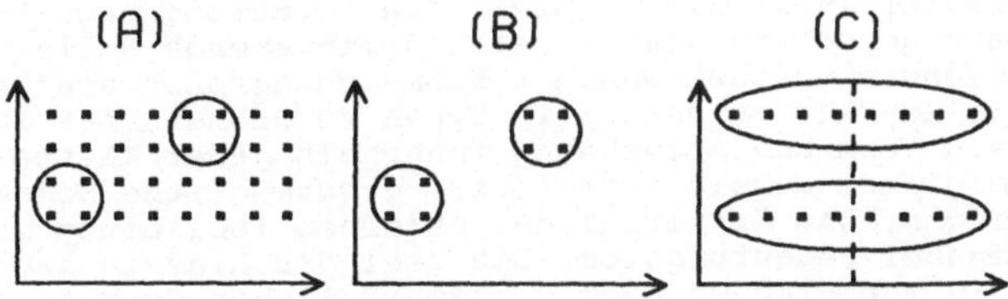

Abbildung 29: Interne Homogenität und externe Isolierung von Klassen

Eine Struktur, wie sie durch die beiden Kriterien gemeinsam beschrieben wird, muß man sich statt dessen als relativ dichte, im Klassifikationsraum weit voneinander entfernte Punkthaufen ("Hyperfußbälle") vorstellen. Abbildung 29B zeigt zwei solcher Punkthaufen, deren deutliche Trennung voneinander man auch "wohlsepariert" nennt. Die Ordnung der Elemente in die beiden, durch Kreise zusammengefaßten Punkthaufen (Klassen) erfüllt gleichzeitig die Forderung nach interner Homogenität und externer Isolierung der Klassen, soweit man diese Forderungen auf eine durch Vorentscheidung festgelegte Klasseneinteilung mit zwei Klassen bezieht (eine Einteilung mit acht Klassen erfüllte die Kriterien natürlich "noch besser").

Anders ist es mit der in Abbildung 29C gezeigten Verteilung der Elemente. Zwar kann man auch hier in gewisser Weise von zwei separierten Klassen sprechen, doch sind diese Klassen nicht sehr homogen. Eine andere Ordnung der Elemente in zwei Klassen, etwa an der durchbrochenen senkrechten Linie als Grenze zwischen den Klassen, würde u.U. zu homogeneren Klassen führen, dabei jedoch gegen die Forderung nach externer Isolierung verstoßen. Wir sehen also, daß beide Forderungen nicht immer miteinander vereinbar sind. In solchen Fällen bedarf es einer Vorentscheidung über die relative Bedeutsamkeit beider Kriterien für die beabsichtigte Verwendung der

Klasseneinteilung. Dazu zwei Beispiele:

- Bei sogenannten Konfektionsproblemen (s. o. Abschn. 1.7; vgl. Ziegler 1973, S.37) spielt die Forderung nach Homogenität der gesuchten Klassen eine dominierende Rolle: Zur Entwicklung möglichst weniger Norm-Schuhgrößen sind alle potentiellen Käufer derart in Typen zu ordnen, daß ihre Füße nach Form und Ausdehnung innerhalb jeder Klasse geringstmögliche Abweichungen (bzw. größtmögliche Homogenität) zeigen. Das Kriterium der externen Isolierung ist demgegenüber bedeutungslos. Die Zahl der Klassen kann u.U. durch die technischen oder wirtschaftlichen Grenzen einer Produktionsdifferenzierung oder durch längerfristige Branchenvereinbarung festgelegt sein.
- Bei der Ermittlung von Cliquen innerhalb größerer Personengemeinschaften (z.B. Schulklassen) kommt es zwar auch auf ein enges Kommunikationsnetz unter den Mitgliedern jeder Clique an (Homogenität); entscheidend für die Identifikation von Cliquen ist jedoch ihre externe Isolierung: Außenkontakte müssen ganz wesentlich seltener sein als Kontakte innerhalb der Cliquen.

Fassen wir kurz die bislang besprochenen Konzepte zur Beschreibung der Struktur einer gesuchten Klasseneinteilung zusammen: Grundlegend sind die Vorstellungen über die interne Homogenität und die externe Isolierung der Klassen. Keines der Konzepte ist allein hinreichend zur eindeutigen Beschreibung der Struktur.

Die - gemessen an der Zahl von Lösungsvorschlägen (s. u. Abschn. 4.3) - weitaus größte praktische Bedeutung hat die Forderung nach interner Homogenität der Klassen. Die damit gegebene Strukturbeschreibung ist unvollkommen, sie kann (und muß in fast allen praktischen Fällen) durch die oft willkürliche Festlegung der Zahl der Klassen ergänzt werden.

Mit weniger Willkür aus der inhaltlichen Zielsetzung abzuleiten ist u.U. die Forderung nach externer Isolierung der Klassen. Diese Forderung kann die Forderung nach interner Homogenität spezifizieren. Sie kann auch allein erhoben werden. In jedem Falle beschreibt sie die gesuchte Struktur nur hinreichend, wenn die gesuchten Klassen wohlsepariert sind. In (fast) allen praktischen Fällen wird diese Forderung deshalb durch eine(oft wieder willkürliche) Spezifizierung des Grades der externen Isolierung zu ergänzen sein, z.B. durch Schwellenwerte der minimalen Dichte innerhalb bzw. der maximalen Dichte zwischen Klassen.

Können ergänzende Strukturbeschreibungen wie die Zahl der Klassen oder Dichteschwellen nicht aus der inhaltlichen Zielsetzung abgeleitet werden, so ist die gesuchte Klasseneinteilung nicht eindeutig beschrieben. In diesem Fall erfüllen unterschiedliche Klasseneinteilungen gleichermaßen die gestellten Bedingungen. Haben wir z.B. unsere Strukturvorstellungen nur soweit festgelegt, daß wir möglichst homogene Klassen fordern, so wird (bei N Elementen) ein System von N Klasseneinteilungen mit 1, 2, 3, ... N Klassen gesucht, deren jede bei gegebener Klassenzahl die Homogenitätsbedingung bestmöglich erfüllt. Fordern wir (ohne Rücksicht auf Homogenität) abgegrenzte Klassen und können wir aus unserer Zielvorstellung ein Dichtekonzept, nicht aber einen speziellen Schwellenwert S^* dafür ableiten, so suchen wir ein System von s Klasseneinteilungen für jeden der s möglichen Schwellenwerte des Dichtekonzepts (geringe Änderungen der Schwellenwerte müssen dabei nicht unbedingt eine Änderung der Klasseneinteilung bewirken). In beiden Fällen gilt, daß keine der Klasseneinteilungen des jeweiligen Systems beim spezifizierten Stand der Strukturvorstellungen einer anderen vorzuziehen ist. Die Entscheidung für eine bestimmte Klasseneinteilung ist deshalb auch nur möglich, wenn wenigstens nachträglich eine Präzisierung der Strukturvorstellungen gelingt. Anhaltspunkte dafür ergeben sich u.U. aus Diskontinuitäten im System der geforderten Klasseneinteilungen (s. u. Abschn. 4.3.3; vgl. Cormack 1971, S.341; Schäffer 1972, S.27 f; Vogel 1973, Abschn. 242). So wird beim Fehlen jeglicher Struktur, wie sie durch die Verteilung der Elemente in Abbildung 29A angezeigt ist, der Wert des gewählten Homogenitätskriteriums (s. u. Abschn. 4.2) bei einer Klasseneinteilung mit nur einer Klasse seinen niedrigsten Wert einnehmen und über die Klasseneinteilungen mit 2,

3, 4 usw. Klassen fast gleichmäßig steigen, bis er bei der Klasseneinteilung mit N Klassen sein Maximum erreicht (s. Abb. 30A; vgl. auch Ball 1970, S.73 ff; Vogel 1973, Abschn. 24321 (A)). Existiert dagegen unter den Elementen - wie etwa in Abbildung 29B gezeigt - eine der gesuchten Ordnung entsprechende Struktur, so wird der Wert des Homogenitätskriteriums bis zum Erreichen der "richtigen" Klassenzahl relativ schnell, dann jedoch nur noch sehr langsam steigen.

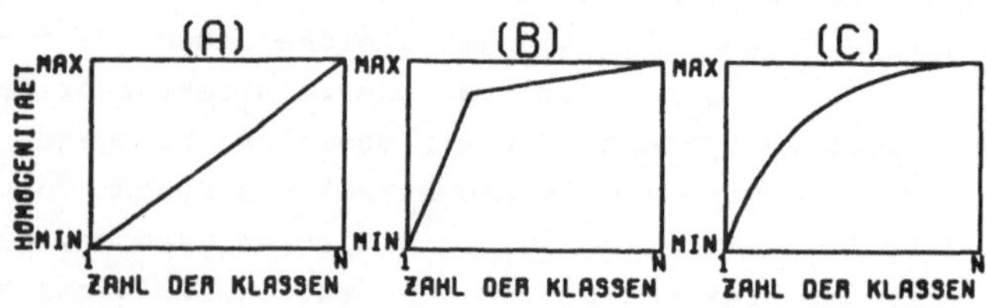

Abbildung 30[1]: Homogenität der Klassen bei Einteilungen mit unterschiedlicher Klassenzahl

Der Verlauf des Homogenitätskriteriums kann in "Struktugrammen" (vgl. Ball 1970; Vogel 1973) graphisch dargestellt werden. Er zeigt an, ob überhaupt eine Struktur vorhanden ist, und bei welcher Zahl von Klassen eine Einteilung mit guter externer Isolierung der Klassen möglich ist. Bei geringem Abstand der Punktwolken voneinander oder bei nicht sehr geringer Dichte der Elemente im Grenzbereich zwischen den Punktwolken sind jedoch keine ausgeprägten Sprünge des Homogenitätskriteriums (wie etwa in Abb. 30B) zu erwarten. Der Umfang der Abweichungen des Struktugramms von der Form, die es beim Fehlen jeglicher Struktur einnehmen würde, liefert zwar Hinweise auf die Existenz einer Struktur (vgl. Abb. 30A mit 30C).

---

1) Ein auch nur annähernd linearer Verlauf des Homogenitätskriteriums kann nur bei sehr großer Zahl von Merkmalen erreicht werden.

Darüber hinaus lassen sich aus Struktugrammen wie dem in Abbildung 30C gezeigten jedoch höchstens Anhaltspunkte gewinnen, in welchem Bereich der Zahl von Klassen die "richtige" Klasseneinteilung wahrscheinlich zu suchen ist.

Abschließend soll kurz auf zwei andere Konzepte zur Strukturbeschreibung hingewiesen werden, durch welche die Forderung nach interner Homogenität der Klassen präzisiert werden kann. Dabei wird auf die externe Isolierung der Klassen völlig verzichtet: Eine Folge ist, daß Elemente nicht notwendig disjunkten Klassen, sondern u.U, sich überlappenden Typen (s. o. Kap. 1) zugeordnet werden.

Problematisch ist in solchen Fällen die Abgrenzung der Typen gegeneinander: an die Stelle der säuberlichen Trennung der Elemente verschiedener Klassen tritt nach dieser Vorstellung die Vermischung der Elemente im Grenzbereich. Entsprechend wird anstelle des Konzepts der externen Isolierung nun zur hinreichenden Präzisierung der Strukturvorstellungen ein anderes Konzept erforderlich, das die Zuordnung der Elemente im Grenz- oder Überlappungsbereich regelt. Die Suche nach einer geeigneten Typologie stellt sich als Aufgabe der Entwirrung der vermischten Elemente ("unmixing the mixture", vgl. Fleiss und Zubin 1969, S.246 ff).

Abbildung 31 zeigt als Beispiel die Verteilung der zu ordnenden Elemente im (eindimensionalen) Klassifikationsraum. Wohlseparierte Klassen existieren offensichtlich nicht. Die Suche nach sich überlappenden Typen könnte der Strukturvorstellung folgen, daß die Elemente in allen Typen gleich (bzw. rechteck-)verteilt seien. Es ließen sich dann aufgrund der ausgeprägten Dichteschwellen (durchbrochene Linien bei B und C) zwei Typen identifizieren. Probleme dieser Art sind bisher für den Spezialfall multivariater Normalverteilung der Elemente in allen Typen sowie für univariate Normal-, Exponential-, Binominal- und Poisson-Verteilungen entwickelt worden

(s. Fleiss und Zubin 1969, S. 247). Problematisch ist jedoch auch hier die Ableitung bestimmter Verteilungsformen aus den Vorkenntnissen oder inhaltlichen Zielsetzungen.

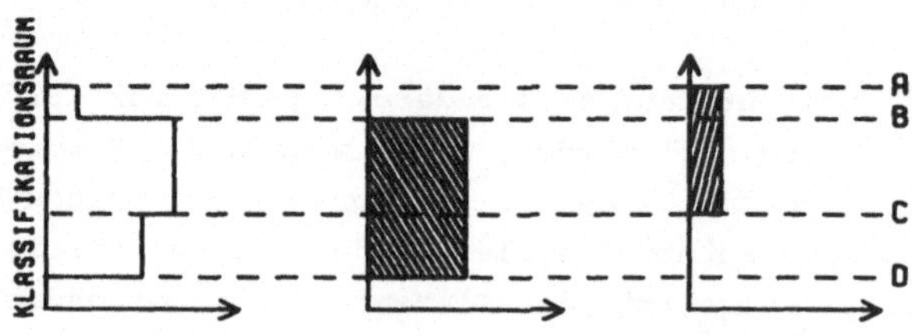

Abbildung 31: 'Entwirrung' der Elemente sich überlappender Typen

Es gibt deshalb auch Versuche, die gegenseitige Abgrenzung überlappender Typen ohne die Vorgabe der jeweiligen Verteilung der Elemente zu erreichen. Da die gesuchte Struktur auch in diesem Falle hinreichend zu beschreiben ist, müssen anstelle der Verteilungen andere Eigenschaften der Typen festgelegt werden. P.F. Lazarsfeld hat dafür die Annahme der Unabhängigkeit aller Merkmale <u>innerhalb</u> der Typen vorgeschlagen ("local independence", vgl. Lazarsfeld und Henry 1968, S.21 ff). Homogene Typen stellen sich danach im Merkmal- oder Klassifikationsraum als - möglicherweise überlappende - Punktwolken in Form von "Hyperfußbällen" dar. Bei Verzicht auf die Forderung nach externer Isolierung dieser Punktwolken liefert die Bedingung der "local independence" eine Zuweisungsregel auch für die Elemente im Überlappungsbereich: Elemente werden den (sich überlappenden) Typen derart probabilistisch zugeordnet, daß innerhalb der Typen keine Zusammenhänge zwischen Merkmalen bestehen.

Die Strukturvorstellung von der "örtlichen Unabhängigkeit" setzt allerdings die Annahme voraus, daß Zusammenhänge zwischen Merkmalen ausschließlich Informationen über die Ordnung der Elemente in Typen enthalten. Damit wird vor allem ausgeschlossen, daß Merkmalszusammenhänge durch die Redundanz mehrerer, zumindest teilweise die gleiche Eigenschaft betreffender Merkmale auftreten können (vgl. Abschn. 2.2 und 2.4.4).

4.2. Optimalitätskriterien für Klasseneinteilungen

Vorstellungen über die gesuchte Struktur, wie wir sie im Abschnitt 4.1 beschrieben haben, können in dieser Form nicht unmittelbar zum Vergleich verschiedener Klasseneinteilungen der gleichen Menge von Elementen herangezogen werden. Wünschenswert ist vielmehr die Kennzeichnung jeder Klasseneinteilung durch einen Wert, der die Güte der Annäherung dieser Klasseneinteilung an die gesuchte Struktur beschreibt und sein Maximum (bzw. Minimum) bei der optimalen Klasseneinteilung erreicht. Wir wollen solche Werte bzw. die Funktionen, durch die sie definiert werden, Optimalitätskriterien nennen.

Mit wenigen Ausnahmen beziehen sich die bisher entwickelten Optimalitätskriterien auf die "interne Homogenität" der Klassen. Homogenität wird dabei in irgendeiner Form als Streuung der Elemente im Merkmal- oder Klassifikationsraum aufgefaßt. Welches Streuungsmaß jeweils angemessen ist, richtet sich insbesondere nach dem Meßniveau der Merkmale bzw. nach der Art des Maßes, das zur Beschreibung der Ähnlichkeit zwischen Elementen gewählt wurde.

4.2.1. Kriterien auf der Grundlage quantitativer Merkmale oder metrischer Unähnlichkeitsmaße

Einige der bislang in Klassifikationsverfahren benutzten Optimalitätskriterien lassen sich aus varianzanalytischen Konzepten ableiten (vgl. Schäffer 1972, S.15). Streng genommen setzen solche Kriterien voraus, daß die Elemente durch quantitative, annähernd normal verteilte Merkmale beschrieben sind und fordern vielfach darüber hinaus, daß die Ähnlichkeit bzw. Unähnlichkeit zwischen Elementen durch euklidische Distanzen beschrieben werden. J.C. Gower (1966) hat ein Verfahren vorgeschlagen, um auch bei Beschreibung der paarweisen Unähnlichkeit durch nicht-euklidische Distanzen zunächst eine dimensionale Darstellung der Elemente im euklidischen Raum zu suchen und auf dieser Grundlage varianzanalytische Kriterien anzuwenden (s. Abschn. 3.1).

Ausgangspunkt für die Entwicklung dieser Kriterien ist die Dispersionsmatrix $\underline{T}$ ($\underline{T}$: 'total'), welche die Varianz der Merkmale (meist in der nicht standardisierten Form als Summe der quadratischen Abweichungen vom Mittelwert) bzw. die Kovarianz zwischen je zwei der M Merkmale über alle Elemente enthält.

Die Matrix $\underline{T}$ wird zerlegt in zwei Dispersionsmatrizen $\underline{B}$ und $\underline{W}$, welche die entsprechenden Varianzen bzw. Kovarianzen zwischen Klassen ($\underline{B}$: "between") und zwischen den Elementen jeweils gleicher Klassen ($\underline{W}$: "within") kennzeichnen. Es gilt (vgl. u.a. Schäffer 1972, S.16):

$$\underline{T} = \underline{W} + \underline{B}$$

Bevor wir von dieser Möglichkeit der Zerlegung der Dispersionsmatrix $\underline{T}$ Gebrauch machen und einige der darauf begründeten Optimalitätskriterien sowie der damit verbundenen Strukturvorstellungen besprechen, müssen wir den Aufbau und die Bedeutung der Matrizen $\underline{T}$, $\underline{W}$ und $\underline{B}$ näher erläutern. Bei Beschreibung der Elemente durch M Merkmale (bzw. $M' \leq M$ Koordinaten des Klassifikationsraumes) haben die Matrizen $\underline{T}$, $\underline{W}$ und $\underline{B}$ jeweils M Zeilen und Spalten; diese stehen für die M Merkmale und seien allgemein mit j und l (j, l = 1,2,...M) bezeichnet. Im Schnittpunkt der j-ten Zeile und der l-ten Spalte steht die Varianz des Merkmals j (bei j = l) bzw. die Kovarianz zwischen den Merkmalen j und l (bei $j \neq l$).

Nehmen wir zunächst die Dispersionsmatrix $\underline{T}$ (s. Tab. 9). Varianz und Kovarianz sind jeweils über sämtliche Elemente (i = 1,2,...N) berechnet. So ist z.B. die Varianz des Merkmals 1:

$$t_{11} = \sum_{i=1}^{N} (X_{i1} - \bar{X}_{.1})(X_{i1} - \bar{X}_{.1}) = \sum_{i=1}^{N} (X_{i1} - \bar{X}_{.1})^2$$

$\bar{X}_{.1}$ ist dabei das arithmetische Mittel dieses Merkmals in der Gesamtheit. Bezeichnet man entsprechend das arithmetische Mittel des Merkmals 2 mit $\bar{X}_{.2}$ und allgemein des Merkmals j (bzw. l) mit $\bar{X}_{.j}$ (bzw. $\bar{X}_{.l}$), so ist die Kovarianz der Merkmale 1 und 2 mit

$$t_{12} = \sum_{i=1}^{N} (X_{i1} - \bar{X}_{.1})(X_{i2} - \bar{X}_{.2})$$

und allgemein die Kovarianz zwischen den Merkmalen j und l (j $\neq$ l) mit

$$t_{jl} = \sum_{i=1}^{N} (X_{ij} - \bar{X}_{.j})(X_{il} - \bar{X}_{.l})$$ bezeichnet.

Tabelle 9: Zur Notation der Dispersionsmatrizen $\underline{T}$, $\underline{W}$ und $\underline{B}$

$$\underline{T} = \underline{W} + \underline{B}$$

$$\begin{pmatrix} t_{11} & ..t_{1l}... & t_{1M} \\ . & & . \\ . & & . \\ t_{j1} & & t_{jM} \\ . & & . \\ . & & . \\ t_{M1} & ..t_{Ml}.. & t_{MM} \end{pmatrix} = \begin{pmatrix} w_{11.} & ..w_{1l.}.. & w_{1M.} \\ . & & . \\ . & & . \\ w_{j1.} & & w_{jM.} \\ . & & . \\ . & & . \\ w_{M1.} & ..w_{Ml.}.. & w_{MM.} \end{pmatrix} + \begin{pmatrix} b_{11} & ..b_{1l}.. & b_{1M} \\ . & & . \\ . & & . \\ b_{j1} & & b_{jM} \\ . & & . \\ . & & . \\ b_{M1} & ..b_{Ml}.. & b_{MM} \end{pmatrix}$$

Um Verwechslungen zu vermeiden, sei darauf hingewiesen, daß insbesondere Varianzen <u>formal</u> einigen Konzepten ähneln, die wir im Abschnitt 3.2 als "Distanz" und als "Form bzw. Streuung" kennengelernt haben. Während dort aber die Differenzen zwischen zwei Elementen über alle Merkmale (j = 1,2...M) summiert wurden, haben wir es hier mit der Zusammenfassung der Differenzen zwischen je zwei Merkmalen über alle Elemente (i = 1,2...N) zu tun.

Nun zur Beschreibung der entsprechenden Dispersionsmatrix $\underline{W}$: Nummerieren wir die Elemente innerhalb jeder einzelnen Klasse k neu (i = 1,2,...N_k), so können wir für jede dieser Klassen wie vorher für die Gesamtheit der Elemente eine Dispersionsmatrix berechnen. Statt wie bisher N Elemente der Gesamtheit stehen dazu nur die jeweils N_k Elemente der Klasse k zur Verfügung; an die Stelle der Mittelwerte in der Gesamtheit ($\bar{X}_{.j}$) treten nun die Mittelwerte in der jeweiligen Klasse k($\bar{X}_{.jk}$):

$$w_{jlk} = \sum_{i=1}^{N_k} (X_{ijk} - \bar{X}_{.jk})\,(X_{ilk} - \bar{X}_{.lk})$$

Die Werte w_{jlk} unterscheiden sich von den entsprechenden Werten t_{jl} nur dadurch, daß sie die Varianz bzw. Kovarianz statt für die Gesamtheit nur für die Elemente der Klasse k angeben. Durch Addition über alle Klassen k =1,2,...K faßt man die Werte w_{jkl}, soweit sie das gleiche Merkmal bzw. Merkmalpaar betreffen, zusammen und erhält so die einzelnen Werte der Dispersionsmatrix $\underline{W}$ (s. Tab. 9):

$$w_{jl.} = \sum_{k=1}^{K} w_{jlk}$$

Schließlich müssen wir noch die Dispersionsmatrix $\underline{B}$ beschreiben: Sie enthält die Varianzen bzw. paarweisen Kovarianzen der Merkmale zwischen den Elementen <u>unterschiedlicher Klassen</u>. Wenn man wieder mit N_k die Zahl der Elemente in der k-ten Klasse, mit $\bar{X}_{.jk}$ den Mittelwert des j-ten Merkmals in der k-ten Klasse und mit $\bar{x}_{.j.}$ den Mittelwert des j-ten Merkmals in der Gesamtheit bezeichnet, lassen sich die Varianzen bzw. Kovarianzen "zwischen Klassen" auch einfacher berechnen:

$$b_{jl} = \sum_{k=1}^{K} N_k(\bar{x}_{.jk} - \bar{x}_{.j.})(\bar{x}_{.lk} - \bar{x}_{.l.})$$

Kommen wir nun zurück zur Zerlegung der totalen Dispersionsmatrix

$$\underline{T} = \underline{W} + \underline{B}.$$

Sie besagt, daß sich der Wert jeder einzelnen Varianz bzw. Kovarianz aus der Gesamtheit der Elemente zerlegen läßt in die "entsprechenden" Größen innerhalb bzw. zwischen Klassen (s. Tab. 9):

$$t_{jl} = w_{jl.} + b_{jl} \quad (\text{für alle } j,l = 1,2,\ldots M)$$

Im Spezialfall heißt das z.B.: Die Gesamtvarianz (Fehlerquadratsumme) des Merkmals 1 (t_{11}) läßt sich vollständig zerlegen in die Varianz dieses Merkmals innerhalb aller Klassen ($w_{11.} = w_{111} + w_{112} + \ldots w_{11K}$) und zwischen den Klassen (b_{11}).[1)]

Die Zerlegung der Dispersionsmatrix $\underline{T}$ in ihre Komponenten ist abhängig von der jeweiligen Klasseneinteilung der Elemente. Bei zumindest näherungsweiser multivariater Normalverteilung der Elemente im Klassifikationsraum(vgl.Vogel 1973,Abschn.233) werden durch diese Zerlegung alle wesentlichen Eigenschaften einer Klasseneinteilung beschrieben. Auch wenn diese Bedingung als erfüllt angesehen wird, ist mit der Zerlegung der Dispersionsmatrix $\underline{T}$ noch nicht unmittelbar ein Kriterium zur

---

1) Anstelle der Formeln für die Berechnung einzelner Elemente der Dispersionsmatrizen findet man in der Literatur über Klassifikationsverfahren i.d.R. die sehr viel knappere Matrizenschreibweise. Wir verzichten in dieser Arbeit weitgehend darauf, weil wir diese Notation nicht weiter benötigen und vielen Lesern damit nur unnötig den Zugang erschweren würden.

Entscheidung über alternative Klasseneinteilungen gefunden: Die Matrix der innerklasslichen Variationen $\underline{W}$ enthält zwar wesentliche Informationen über die interne Homogenität der Klassen, die Matrix $\underline{B}$ enthält entsprechend Informationen über die gegenseitige Abgrenzung der Klassen. Beide aber liefern unmittelbar statt eines einzigen Kriteriums (etwa einer Zahl) eine ganze Fülle von Zahlen: bei M Merkmalen enthält jede der Matrizen immerhin $M \cdot M$ Werte, von denen allerdings wegen der Symmetrie der Matrizen $\frac{1}{2}(M^2 - M)$ jeweils doppelt vertreten sind. Die in den Matrizen enthaltene Information muß deshalb zusammengefaßt werden.

Ein Vorschlag dazu stammt von A.W.F. Edwards und L.L. Cavalli-Sforza (1965): Bei vorgegebener Klassenzahl K ist nach derjenigen Klasseneinteilung der Elemente zu suchen, durch die Spur $\underline{W}$ minimiert wird[1]. Dieses Kriterium berücksichtigt nur die Varianzen, nicht aber die paarweisen Kovarianzen der Merkmale. Es erreicht sein Minimum, wenn durch eine geeignete Klasseneinteilung die Varianz der Merkmale innerhalb aller Klassen insgesamt kleinstmöglich ist. Wegen

$$\underline{T} = \underline{W} + \underline{B}$$

gilt auch

$$\text{Spur}\,\underline{T} = \text{Spur}\,\underline{W} + \text{Spur}\,\underline{B}$$

Da sich Spur $\underline{T}$ auf die Gesamtheit der Elemente bezieht und durch unterschiedliche Klasseneinteilungen derselben unberührt bleibt, ist mit dem Minimum von Spur $\underline{W}$ gleichzeitig

---

1) Spur $\underline{W}$ ist die Summe der Diagonalelemente von $\underline{W}$, d.h. die Summe der quadratischen Abweichungen aller Merkmale innerhalb aller Klassen:

$$\text{Spur}\,\underline{W} = \sum_{j=1}^{M} w_{jj}.$$

auch das Maximum von Spur $\underline{B}$ gefunden. Anders ausgedrückt: Mit der Minimierung der innerklasslichen Varianz (interne Homogenität) ist gleichzeitig die Maximierung der zwischenklasslichen Varianz (externe Isolierung) erreicht. H.P. Friedman und J. Rubin haben gezeigt (1967, S.1161 ff), daß die Wahl des Spur $\underline{W}$-Kriteriums implizit die Wahl euklidischer Distanzen (genauer: des Quadrates euklidischer Distanzen) als Maß für die Unähnlichkeit zwischen Elementen bedeutet: Eine Klasseneinteilung, welche bei gegebener Zahl von Klassen Spur $\underline{W}$ minimiert, führt gleichzeitig zu kleinstmöglichen quadratischen Distanzen zwischen den Elementen der jeweils gleichen Klasse und größtmöglichen quadratischen Distanzen zwischen Elementen unterschiedlicher Klassen. Entsprechend ist Spur $\underline{W}$ auch unmittelbar aus den paarweisen euklidischen Distanzen zwischen Elementen zu berechnen. Sei wieder N_k die Zahl der Elemente in der Klasse k (k = 1,2,...K), kennzeichne i bzw. j je ein Element der k-ten Klasse und d_{ijk} die euklidische Distanz zwischen den Elementen i und j, so ist (vgl. Friedman und Rubin 1967, S.1163)

$$\text{Spur } \underline{W} = \sum_{k=1}^{K} \frac{1}{N_k} \sum_{i,j} d_{ijk}^2 \quad (i,j = 1,2 \ldots N_k,\ i < j)$$

Diese Darstellung des Spur $\underline{W}$-Kriteriums ist ein Ansatzpunkt für die sinngemäße Übertragung des Kriteriums auf solche Fälle, in denen das Spur $\underline{W}$-Kriterium wegen entsprechender Strukturvorstellungen angemessen wäre, es aber aus formalen Gründen nicht angewandt werden kann: Ist die paarweise Unähnlichkeit zwischen Elementen durch eine nicht-euklidische Metrik definiert, so schlagen H.P. Friedman und J. Rubin (1967, S.1163) vor, analog zum Spur $\underline{W}$-Kriterium den Ausdruck

$$\sum_{k=1}^{K} \frac{1}{N_k} \sum_{i,j} d_{ijk} \quad (i,j = 1,2 \ldots N_k,\ i < j)$$

zu minimieren. Auf einen zweiten Vorschlag zur Behandlung derartiger Fälle von J.C. Gower (1966) haben wir bereits am

Anfang dieses Abschnitts hingewiesen.

Andere Vorschläge zur Definition von Optimalitätskriterien auf der Grundlage der Streuungszerlegung berücksichtigen auch die Kovarianzen zwischen den Merkmalen und zielen auf die Korrektur einiger der möglichen Defekte des Merkmalraums, die wir in Abschnitt 2.2 und 2.4 besprochen haben: Wenn durch Standardisierung der Merkmale nicht sichergestellt werden kann, daß sie ein ihrer Bedeutung entsprechendes Gewicht erhalten, oder wenn Merkmale teilweise die gleiche Eigenschaft betreffen und aus diesem Grunde miteinander korrelieren, dann sind Kriterien auf der Grundlage euklidischer Distanzen nicht angemessen. Statt dessen werden Kriterien benötigt, die z.B. durch die Änderung des Maßstabes eines Merkmals nicht verändert werden oder die allgemein invariant sind gegenüber nicht-singulären, linearen Transformationen (vgl. Friedmann und Rubin 1967, S.1162). Vorschläge für entsprechende Kriterien sind auf der Grundlage der beschriebenen Zerlegung der Dispersionsmatrix $\underline{T}$ ausgearbeitet worden. Zur Information über solche Optimalitätskriterien verweisen wir auf die weiterführende Literatur (vgl. u.a. Cormack 1971, S.340; Schäffer 1972, S.17; Vogel 1973, Abschn.233). Auch mit diesen Kriterien wird wieder (vgl. Abschn. 3.5, Mahalanobis-Distanz) "in einem Zuge" gelöst, was wir in der vorliegenden Arbeit vereinfachend in voneinander isolierten Schritten behandelt haben.

4.2.2. Kriterien auf der Grundlage zweiwertig qualitativer Merkmale

Bei der Suche nach möglichst homogenen Klassen und vorgegebener Klassenzahl sind die beschriebenen varianzanalytischen Konzepte auch dann anwendbar, wenn der Merkmalraum durch zweiwertig qualitative Merkmale aufgespannt ist, deren Ausprägungen die Werte 0 und 1 zugewiesen wurde (s. o. Absch. 2.6).

Angemessener sind für solche Fälle jedoch Streuungsmaße auf informationstheoretischer Basis, zumal sie sich prinzipiell auch für mehrwertig qualitative Merkmale verwenden lassen. Auf Grundlagen der Informationstheorie können wir im Rahmen dieses Skriptums nicht eingehen. Eine leicht verständliche Einführung ist F. Attneave (1969, Kapitel 1) zu entnehmen, eine breitere Darstellung besonders jener Aspekte der Informationstheorie, die in Klassifikationsverfahren Verwendung gefunden haben, gibt F. Vogel (1973, Abschnitte 2312 und 2322).

Beschreibt man die Elemente einer Gesamtheit durch zunächst nur ein einziges, zweiwertiges Merkmal, so ist dessen Streuung durch das Informationsmaß nach Shannon/Wiener, auch mittlerer Informationsgehalt oder <u>durchschnittliche Entropie</u> genannt, wie folgt definiert:

$$H = \text{ld}\, N - \frac{1}{N}\,(n_1\, \text{ld}\, n_1 + n_2\, \text{ld}\, n_2)$$ [1)]

(Es bedeuten: N: Zahl der Elemente: n_1 bzw. n_2: Zahl der Elemente mit der Merkmalsausprägung 1 bzw. 2; $n_1 + n_2 = N$; ldN: Logarithmus zur Basis 2 von N.)

Setzt man, wie in der Informationstheorie allgemein üblich, $0 \cdot \text{ld}0 = 0$, so erreicht die durchschnittliche Entropie ihr Minimum (nämlich 0), wenn alle Elemente die gleiche Merkmalsausprägung tragen. Ist dies z.B. die Merkmalsausprägung 1, dann wird $n_1 = N$ und $n_2 = 0$, so daß sich die o. g .Gleichung reduziert auf:

---

1) Bei Merkmalen mit k Ausprägungen ist der mittlere Informationsgehalt wie folgt definiert:

$$H = -\sum_{j=1}^{k} \frac{n_j}{N} \text{ld} \frac{n_j}{N}$$ (mit n_j als Häufigkeit der Ausprägung j)

Bei nur zwei Ausprägungen vereinfacht sich diese Formel zu:

$$H = -\frac{n_1}{N}\text{ld}\frac{n_1}{N} - \frac{n_2}{N}\text{ld}\frac{n_2}{N}$$

Durch einfache Umformung erhält man daraus die oben genannte Gleichung.

$$H = \text{ld } N - \frac{1}{N} (N \text{ ld } N + 0) = 0$$

Minimale Entropie (entsprechend kleinstmöglicher Streuung) bedeutet also auch hier wieder maximale Homogenität der Elemente. Umgekehrt erreicht die durchschnittliche Entropie ihr Maximum (nämlich 1), wenn sich die Elemente zu jeweils genau der Hälfte (d.h. N/2) auf beide Merkmalsausprägungen verteilen. Dies ist auch die Situation, in der wir von größtmöglicher Streuung bzw. Heterogenität der Elemente sprechen.

In Klassifikationsverfahren benutzt man statt der durchschnittlichen Entropie fast immer die totale Entropie (vgl. Vogel 1973, Abschn. 2312(B)). Beschreibt man die Elemente durch jeweils M zweiwertige Merkmale, so ist die totale Entropie die Summe aus den entsprechenden Entropiewerten für jedes einzelne Merkmal.Die totale Entropie ist ein Maß für die gesamte Streuung aller Merkmale über sämtliche Elemente und insoweit mit dem früher besprochenen varianzanalytischen Streuungsmaß Spur $\underline{T}$ zu vergleichen:

$$H_T = M N \text{ld } N - \sum_{j=1}^{M} (n_{j1} \text{ ld} n_{j1} + n_{j2} \text{ ld} n_{j2})$$

(mit $n_{j1} + n_{j2} = N$)

Wie für die Gesamtheit der Elemente kann man die Entropie bei der Klasseneinteilung der Elemente auch für einzelne Klassen k berechnen. Nennen wir die Zahl der Elemente einer Klasse wieder N_k, die Zahl der Elemente mit der Ausprägung 1 bzw. 2 des Merkmals j innerhalb dieser Klasse n_{jk1} bzw. n_{jk2} (mit $n_{jk1} + n_{jk2} = N_k$), so gilt:

$$H_k = M N_k \text{ ld } N_k - \sum_{j=1}^{M} (n_{jk1} \text{ ld } n_{jk1} + n_{jk2} \text{ ld } n_{jk2})$$

Wegen der Additivität dieses Streuungsmaßes dürfen wir die Entropie der einzelnen Klassen einfach zusammenzählen. Das Ergebnis ist die Entropie "innerhalb aller Klassen", die in

Anlehnung an das entsprechende varianzanalytische Streuungsmaß Spur $\underline{W}$ "H_W" genannt werden soll:

$$H_W = \sum_{k=1}^{K} H_k = \sum_{k=1}^{K} (M N_k \text{ ld } N_k - \sum_{j=1}^{M} (n_{jk1} \text{ld } n_{jk1} + n_{jk2} \text{ ld } n_{jk2})$$

Im Normalfall wird die innerklassliche Entropie H_W kleiner als die gesamte Entropie H_T sein. Dies ist dann ein Ausdruck für die Tatsache, daß die Streuung der Elemente innerhalb der Klassen geringer ist als in der Gesamtheit der Elemente. Die restliche Entropie entspricht der Streuung "zwischen Klassen" (Spur $\underline{B}$) und soll entsprechend mit H_B bezeichnet werden. Es gilt auch hier die Zerlegung:

$$H_T = H_W + H_B$$

Ist die interne Homogenität der Klassen nicht größer als die Homogenität in der Gesamtheit der Elemente, dann entspricht die innerklassliche Entropie H_W der gesamten Entropie H_T und es ist

$$H_B = 0$$

Die Klasseneinteilung hat in diesem Fall keinen Informationsgehalt. Ist die interne Homogenität der Klassen dagegen vollkommen, so ist

$$H_W = 0$$

und die zwischenklassliche Entropie entspricht der gesamten Entropie. In diesem Fall steckt der gesamte Informationsgehalt "in der Klasseneinteilung". Ist eine Klasseneinteilung mit größtmöglicher interner Homogenität der Klassen gesucht und kann die Zahl der Klassen vorgegeben werden, so muß das Optimalitätskriterium H_W minimiert (bzw. das Kriterium H_B maximiert) werden. Dieses Kriterium ähnelt sehr stark dem vorher diskutierten Spur $\underline{W}$-Kriterium. Wie dieses setzt es voraus, daß die Merkmale nicht redundant sind, d.h. unterschiedliche Eigenschaften betreffen. Ebenfalls wie dieses hat es die Tendenz, nicht nur die Suche nach möglichst homogenen Klassen zu steuern, sondern auch Klassen ungefähr gleicher Größe zu bevorzugen (vgl. Vogel 1973,Abschn. 2322).

In dieser einfachen Form sind informationstheoretische Konzepte unseres Wissens bisher nicht als Optimalitätskriterien für Klasseneinteilungen verwandt worden (vgl. Gower 1971). Große Bedeutung hat H_B (unter dem Namen "Informationsgewinn") dagegen in hierarchischen Klassifikationsverfahren zur Entscheidung gewonnen, welche der k Klassen im jeweiligen Schritt fusioniert werden sollen (s. u. Abschn. 4.3.3). Anderere, z.T. äußerst komplizierte Kriterien auf informationstheoretischer Grundlage sind u.a. von C.S. Wallace und D.M. Boulton (1968) vorgeschlagen worden (vgl. auch Vogel 1973, Abschn. 233).

4.2.3. Kriterien auf der Grundlage ordinaler Ähnlichkeits- bzw. Unähnlichkeitsmaße

Obwohl die Übereinstimmung von Modell und Strukturvorstellungen ausschlaggebend ist bei der Wahl des jeweiligen Optimalitätskriteriums, haben wir in den vorangehenden Abschnitten zusätzlich auch Randbedingungen formaler Art berücksichtigen müssen: Während die Maße auf informationstheoretischer Grundlage nur die Beschreibung der Elemente durch zweiwertig-qualitative Merkmale verlangten, waren für die adäquate Anwendung varianzanalytischer Konzepte quantitative und zusätzlich annähernd multivariat normalverteilte Merkmale gefordert. Auch Vorschläge von H.P. Friedman und J. Rubin sowie von J.C. Gower (s. o. Abschn. 4.2.1) zur erweiterten Anwendbarkeit dieser Maße verlangen zumindest, daß die paarweisen Unähnlichkeiten zwischen Elementen durch eine Metrik zu beschreiben sind.

Nun haben wir uns im Rahmen dieses Skriptums vereinfachend auf genau diese Fallgruppen beschränkt, nämlich auf die Darstellung der Elemente in einem euklidischen Merkmalraum mit quantitativen oder qualitativ zweiwertigen Merkmalsachsen und auf die Darstellung der paarweisen Abstände zwischen Elementen durch eine Metrik. Gleichwohl ist statt der Beschreibung der paarweisen Unähnlichkeiten durch eine Metrik in manchen Fällen nur eine Ordnung der paarweisen Unähnlichkeiten ohne die Möglichkeit zur Bestimmung von Abständen zwischen ihnen erreichbar.

Auch für solche Fälle sind Optimalitätskriterien vorgeschlagen worden. So läßt sich die Forderung, daß alle Elemente der gleichen Klasse einander näher sein sollen als irgendein Element einer anderen Klasse (s. o. Abschn. 4.1 und Abb. 28), zur Beschreibung einer optimalen Klasseneinteilung verwenden, wenn statt der Abstände zwischen Elementen durch eine Metrik nur die Ordnung der paarweisen Unähnlichkeiten gegeben ist: Mit der Festsetzung eines Schwellenwertes S^* ist eine Klasseneinteilung mit der "optimalen Eigenschaft" bestimmt, daß alle Elemente der gleichen Klasse einander ähnlicher und alle Elemente unterschiedlicher Klassen einander unähnlicher sind als zwei fiktive Elemente mit der festgesetzten Unähnlichkeitsschwelle S^* (vgl. Rubin 1967, S. 110 f; Gower 1971 , S.361).

Ein solch einfaches Kriterium S^* hat allerdings den Nachteil unzureichender Trennschärfe: Es sagt, ob eine gegebene, d.h. irgendwie gefundene Klasseneinteilung optimal ist oder nicht. Es erlaubt jedoch im Gegensatz zu allen bisher behandelten Kriterien keine Aussage, welche von zwei u.U. gleichermaßen nicht optimalen Klasseneinteilungen der optimalen Einteilung relativ näher kommt. Hierzu wäre ein Kriterium nötig, das den Grad der Abweichung einer gegebenen Klasseneinteilung von der optimalen quantifiziert.

I.C. Lerman (1970, S.41 ff) diskutiert einige solcher Optimalitätskriterien, die den Vergleich nicht-optimaler Klasseneinteilungen erlauben. Wegen des dazu nötigen mathematischen Apparates verzichten wir auf eine ausführliche Darstellung seiner Vorschläge und beschränken uns auf die Erläuterungen einiger Grundgedanken.

Ausgangspunkt der Überlegungen ist, daß die paarweisen Ähnlichkeiten bzw. Unähnlichkeiten zwischen Elementen nach ihrer Größe geordnet sind. Bezeichnet man die Unähnlichkeiten zwischen den Elementen A und B wieder in Anlehnung an eine früher gewählte Notation mit d(A,B), so kann eine Ordnung der Unähnlichkeiten zwischen den Elementen A, B, C, D etwa wie folgt aussehen:

$d(A,B) = d(C,B) < d(A,D) = d(B,C) < d(A,C) = d(B,C)$
(" = " steht für "nicht unterscheidbar")

Wie groß diese Unähnlichkeiten genau sind bzw. welche Größenunterschiede zwischen ihnen bestehen, ist - wie gesagt - ohne die Definition einer Metrik nicht bekannt.

Wenn nun die Elemente in Klassen eingeteilt werden, so kann man dies hinsichtlich der paarweisen Abstände zwischen Elementen in Umkehrung eines o. g. Argumentes wie folgt interpretieren: Die Zusammenfassung zweier Elemente A und B in der gleichen Klasse ist gegenüber der Trennung zweier Elemente C und D in unterschiedliche Klassen nur dadurch zu rechtfertigen, daß die Unähnlichkeit zwischen den Elementen A und B kleiner sein muß als zwischen den Elementen C und D. Durch die Klasseneinteilung der Elemente erhält man also ebenfalls eine Rangordnung der paarweisen Unähnlichkeiten, z.B. durch die Einteilung der Elemente A, B, C, D in zwei Klassen (A, B) und (C, D) die Ordnung (" = " steht wieder für "nicht unterscheidbar"):

$d(A,B) = d(C,D) < d(A,C) = d(A,D) = d(B,C) = d(B,D)$

Der Vergleich der ursprünglichen, durch das gewählte Unähnlichkeitsmaß bestimmten und der durch die Klasseneinteilung induzierten Rangordnung der paarweisen Unähnlichkeiten ergibt Verstöße geringeren oder größeren Ausmaßes und kennzeichnet damit die Güte einer Klasseneinteilung. I.C. Lerman diskutiert in der o. g. Arbeit verschiedene Möglichkeiten für Vergleiche von Rangordnungen. Im Prinzip folgen diese Vergleiche einer ganz ähnlichen Logik, wie sie auch Rangkorrelationen auf der Grundlage von Paarvergleichen eigen ist. Ein Beispiel ist der Korrelationskoeffizient "gamma" von Goodman und Kruskal (vgl. Benninghaus 1974, S.149 ff).

Hinweise auf weitere Optimalitätskriterien sind u.a. in L.C. Gower (1971, S.361 ff), I.C. Lerman (1970, S.27 ff) und F. Vogel (1973, Abschn. 233) zu finden. L.C. Gower (1971) schlägt darüber hinaus auch Optimalitätskriterien für den Fall vor, daß statt einer einzigen Klasseneinteilung ein hierarchisches System von Klasseneinteilungen gesucht wird. Das Optimalitätskriterium muß unter diesen Bedingungen den Vergleich alternativer hierarchischer Systeme von Klasseneinteilungen erlauben.

4.3. Verfahren zur Suche nach Klasseneinteilungen

Im vorangehenden Abschnitt haben wir einige Optimalitätskriterien kennengelernt, mit deren Hilfe die Güte einer gegebenen Klasseneinteilung im Vergleich zu anderen Einteilungen beurteilt werden kann. Damit ist aber noch nicht die optimale oder irgendeine andere Klasseneinteilung gefunden. Die tatsächliche Ermittlung der optimalen Klasseneinteilung verlangt, daß in einem Suchprozeß verschiedene Klasseneinteilungen, unter denen sich die optimale Einteilung befinden sollte, miteinander verglichen werden. Suchprozesse dieser Art, welche durch ein Gütekriterium für die gesamte Klasseneinteilung gesteuert werden, wollen wir globale Verfahren (vgl. Schäffer 1972, S.24 f; Skarabis 1970, S.54 f) und die darin benutzten Optimalitätskriterien globale Kriterien nennen.

Es gibt auch andere Klassifikationsverfahren ohne die Steuerung durch ein globales Kriterium. Zur Steuerung des Suchverfahrens werden dann Kriterien benutzt, die sich nur auf Teilaspekte der Klasseneinteilung wie die bestmögliche Zusammenfassung zweier Elemente oder Klassen zu einer neuen Klasse oder auf die Homogenität einzelner Klassen beziehen. Diese Suchverfahren nennen wir partielle Verfahren und die zu ihrer Steuerung benutzten Kriterien auch partielle Kriterien (vgl. Schäffer 1972, S.19 f; Vogel 1973,Abschn.2431). Gründe für die Wahl eines partiellen Verfahrens können sein, daß infolge nur fragmentarischer Strukturvorstellungen über die gesuchte Klasseneinteilung das Ziel dieser Suche nicht hinreichend durch ein (globales) Optimalitätskriterium sowie durch ergänzende Bedingungen wie z.B. die Zahl der Klassen zu beschreiben ist, oder daß trotz hinreichender Beschreibung des Klassifikationszieles die Benutzung globaler Kriterien zu aufwendig wäre.

Klassifikationsverfahren werden außer nach der Art des benutzten Steuerungskriteriums in globale und partielle Verfahren u.a. auch nach der Art des Suchprozesses in iterative und nicht-iterative Verfahren sowie nach der Art des Suchergebnisses in hierarchische und nicht-hierarchische Verfahren eingeteilt (vgl. Vogel 1973, Abschn. 24)[1]. Zur Beschreibung konkreter Klassifikationsverfahren wird man i.d.R. mehrere dieser Einteilungsgesichtspunkte gleichzeitig benötigen.

Viele der bislang vorgeschlagenen Verfahren folgen "Mischstrategien" der Art, daß sie in verschiedenen Phasen entweder unter der Steuerung partieller oder globaler Kriterien oder teils iterativ und teils nicht-iterativ ablaufen. Zur Vereinfachung der Darstellung werden wir jedoch die Grundzüge globaler und partieller Verfahren isoliert voneinander darstellen, auch wenn sie in der Praxis nicht immer isoliert vorkommen. Auf einige wichtige Verfahrenskombinationen werden wir jeweils am Ende eines Abschnitts hinweisen.

---

1) Weitere Einteilungsgesichtspunkte nennen u.a. Lance und Williams 1967A, Bock 1974.

4.3.1. Globale Verfahren

Wenn die Definition eines Optimalitätskriteriums und gegebenenfalls der Rahmenbedingungen wie die Zahl der Klassen ohne Willkür aus den inhaltlich bestimmten Strukturvorstellungen folgen, ist die Suche nach der optimalen Klasseneinteilung im Prinzip äußerst einfach: Aus allen möglichen Klasseneinteilungen ist durch Paarvergleich anhand des Optimalitätskriteriums die relativ beste auszuwählen. Praktisch ist der Vergleich aller Klasseneinteilungen jedoch selbst unter Verwendung elektronischer Rechenanlagen nur bei sehr geringer Zahl von Elementen möglich: Schon 10 Elemente lassen sich auf 511 verschiedene Arten in zwei Klassen, auf 9330 Arten in drei und auf 34 105 Arten in vier Klassen einteilen. Bei Erhöhung der Zahl der Elemente steigt die Zahl der Klasseneinteilungen sehr schnell: lassen sich 10 Elemente auf "nur" 42 525 Arten in fünf Klassen ordnen, so sind es bei 20 Elementen bereits 749.206.090.500 Arten (vgl. Dagnelie 1966, S.65; Schäffer 1972, S.19).

Alle bisher behandelten globalen Klassifikationsverfahren beschränken deshalb die Zahl der zu vergleichenden Klasseneinteilungen. Da aus dem Optimalitätskriterium unmittelbar keine Information für die direkte Ermittlung der optimalen Klasseneinteilung abzuleiten ist, müssen Klasseneinteilungen von der Betrachtung ausgeschlossen werden, bevor sie am jeweiligen Optimalitätskriterium gemessen wurden. Von den ausgeschlossenen Klasseneinteilungen - es muß sich dabei zur Reduzierung des Aufwandes i.d.R. um den weitaus größten Teil aller möglichen Klasseneinteilungen handeln - kann deshalb auch nicht mit Sicherheit gesagt werden, ob sich unter ihnen nicht doch die gesuchte optimale Einteilung befindet. Die Verminderung des Suchaufwandes wird also mit einem Risiko erkauft.

Es besteht damit das Problem einer geeigneten Vorauswahl von Klasseneinteilungen. Die optimale Klasseneinteilung oder eine andere, die ihr zumindest sehr nahe kommt, sollte in den Vergleich anhand des Optimalitätskriteriums einbezogen werden. Leider gibt es keinen Weg, um dies sicherzustellen, wohl aber einige Strategien, die sich in bislang geprüften Anwendungsfällen als mehr oder minder erfolgreich erwiesen.

J.J. Fortier und H. Solomon (1966) haben vorgeschlagen, nur eine Zufallsstichprobe aller möglichen Klasseneinteilungen einer Prüfung durch das globale Kriterium zu unterziehen. Wahrscheinlichkeitstheoretische Gründe lassen bei dieser Art der Vorauswahl jedoch keine guten Ergebnisse erwarten (vgl. Schäffer 1972, S.25).

Nach einer anderen Strategie wird der Kreis der zu berücksichtigenden Klasseneinteilungen durch die Wahl bestimmter Iterationsregeln beschränkt (vgl. Rubin 1967, S. 122 ff): Ausgehend von einer beliebigen, z.B. zufällig ausgewählten Klasseneinteilung mit festgelegter Klassenzahl wird jedes Element seiner Klasse entnommen und nacheinander versuchsweise jeder der anderen Klassen zugeordnet. Entsteht auf diese Weise eine - gemessen am Optimalitätskriterium - bessere Klasseneinteilung, so wird das Element der neuen Klasse zugewiesen; andernfalls bleibt es in der ursprünglichen Klasse. Der Versuch der Neuzuweisung wird reihum - gegebenenfalls auch mehrmals - mit allen Elementen unternommen. In jedem Schritt dieses iterativen Suchprozesses werden nur jene wenigen Klasseneinteilungen zum Vergleich anhand des Optimalitätskriteriums zugelassen, die aus der bis dahin relativ besten Klasseneinteilung durch Veränderung der Klassenzugehörigkeit eines einzigen Elementes erzeugt werden können. Hier liegt die beabsichtigte Beschränkung des Suchaufwandes. Die Suche läuft trotzdem stets geradlinig auf eine Klasseneinteilung zu, von der aus durch Bewegung nur eines Elementes keine weitere Verbesserung möglich ist. U.U. aber - und darin liegt das Risiko dieser Beschränkung - ist mit der Klasseneinteilung am Ende des Suchprozesses nur ein "lokales Optimum" erreicht. Abbildung 32 veranschaulicht diese Gefahr: Es sei angenommen, daß der Suchprozeß mit der durch den Abzissenwert A1 symbolisierten Klasseneinteilung begann. Wenn stets nur Änderungen der Klasseneinteilungen zugelassen sind, die zu einer verbesserten Erfüllung des Optimalitätskriteriums (Ordinatenwerte) führen, ist eine Fortsetzung der Suche über die suboptimale Klasseneinteilung S hinaus in Richtung auf das wirkliche Optimum O nicht möglich.

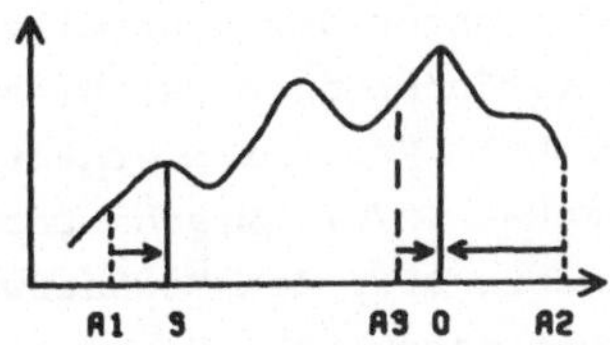

Abbildung 32: Iterative Suche nach der optimalen Klasseneinteilung 1)

Es gibt verschiedene Vorschläge, wie "lokale Optima" zu überwinden seien. Keine von ihnen (außer natürlich der vollständigen Prüfung aller möglichen Klasseneinteilungen) garantiert die Ermittlung der optimalen Einteilung (vgl. dazu Rubin 1967, S.122 ff): Die gleichzeitige Bewegung von zwei, drei und mehr Elementen wäre zwar im Prinzip dazu geeignet, läuft aber wieder auf die (zu vermeidende) Prüfung sehr vieler Klasseneinteilungen hinaus. Den relativ größten Erfolg verspricht u.E. der Vorschlag Rubins (1967), das Iterationsverfahren von verschiedenen Anfangseinteilungen aus zu beginnen (s. Abb. 32). Führen alle Suchprozesse zum gleichen Ziel, so besteht die Hoffnung, daß wohlseparierte Klassen vorliegen und nur ein Optimum existiert. Führen sie zu un-

1) Anfangseinteilungen: (A1, A2, A3) Suboptimale Einteilung: (S) Optimale Einteilung: (O).

gleichen Zielen, so bleibt mit der Wahl der relativ besten Lösung der Zweifel, ob nicht auch dieses eine suboptimale Einteilung sei.

Die iterative Suche nach der optimalen Klasseneinteilung kann auch bei der besten, bislang bekannten Klasseneinteilung begonnen werden (vgl. Rubin 1967, S.122). Solche Anfangseinteilungen werden häufig mit Hilfe partieller Verfahren ermittelt. Partielle Verfahren dienen auch dazu, die iterative Suche unter der aufwendigen Steuerung des globalen Kriteriums abzukürzen und - unter der Kontrolle eines partiellen Kriteriums - größere Veränderungen der Klasseneinteilung vorzunehmen, bevor das globale Kriterium erneut zur Prüfung herangezogen wird (vgl. McRae 1970). Mischstrategien dieser oder ähnlicher Art vermindern u.U. den Suchaufwand des iterativen (globalen) Verfahrens erheblich. Sie liefern jedoch keinerlei Hinweise, ob die jeweilige Anfangseinteilung in den "Einzugsbereich" eines lokalen oder des globalen Optimums fällt und tragen damit höchstens zufällig zur Vermeidung lokaler Optima bei.

4.3.2. Partielle Verfahren zur Suche nach einer optimalen Klasseneinteilung

Innerhalb partieller Verfahren wird der Suchprozeß durch ein Kriterium gesteuert, welches sich auf Teilaspekte der Klasseneinteilung bezieht. Soweit diese Verfahren eine bestimmte Klasseneinteilung und nicht ein System hierarchischer Einteilungen ermitteln sollen, arbeiten sie mit wenigen Ausnahmen iterativ[1]. Jede einmal vorgenommene Zuordnung eines Ele-

---

1) Ein nicht-iteratives, partielles Verfahren wurde u.a. von P. Schnell (1964) vorgeschlagen; vgl. auch Schäffer 1972, S.22 f.

ments zu einer Klasse kann dabei in späteren "Zyklen" des Iterationsprozesses korrigiert werden.

Alle uns bekannten iterativen partiellen Verfahren haben das Ziel, eine Klasseneinteilung mit größtmöglicher Homogenität der Klassen zu ermitteln. Sie sollen damit anhand des partiellen Kriteriums bei geringerem Suchaufwand gleiche oder ähnliche Klasseneinteilungen erzeugen, wie sie auch (zumindest prinzipiell) globale Verfahren unter Verwendung von Optimalitätskriterien liefern könnten. Das setzt aber einen Zusammenhang zwischen der angestrebten Klasseneinteilung bzw. dem damit implizit gewählten globalen Optimalitätskriterium und dem zur Steuerung des Suchverfahrens tatsächlich verwandten partiellen Kriterium voraus. Nehmen wir an, daß den Strukturvorstellungen im konkreten Fall die Forderung nach geringstmöglicher Varianz aller Merkmale innerhalb der Klassen angemessen ist. Als Optimalitätskriterium könnte man das Spur $\underline{W}$-Kriterium wählen (s. o. Abschn. 4.2.1). Wir schreiben dieses in einer Form, welche erkennen läßt, daß es sich dabei um die Summe der quadratischen Merkmalsabweichungen von den jeweiligen arithmetischen Mittelwerten pro Klasse handelt:

$$\text{Spur } \underline{W} = \sum_{k=1}^{K} \sum_{i=1}^{N_k} \sum_{j=1}^{M} (X_{ijk} - \bar{X}_{.jk})^2 = \sum_{k=1}^{K} \sum_{i=1}^{N_k} d_{ik}^2$$

(Es bedeuten: $k = 1,2...K$ (Klassen); $j = 1,2...M$ (Merkmale); $i = 1,2...N_k$ (Elemente pro Klasse); d_{ik}: euklidischer Abstand des Elements i vom Mittelpunkt der Klasse k)

Stellen wir uns die Klassen, welche nach dem Spur $\underline{W}$-Kriterium gesucht werden, wieder im Klassifikationsraum als Punktwolken in Form von "Hyperfußbällen" vor. Durch die arithmetischen Mittelwerte $\bar{X}_{.jk}$ aller Merkmale j einer Klasse k wird jeweils der zentrale Punkt der Klasse ("Centroid") definiert, den wir uns als Mittelpunkt des Hyperfußballes denken können. Bei einer Klasseneinteilung, welche Spur $\underline{W}$ minimiert, ist damit auch die Summe der quadratischen euklidischen Abstände aller Punkte (Elemente) vom jeweiligen Centroid ihrer Klasse (d_{ik}^2) kleinstmöglich.

Für jedes einzelne Element folgt aus dieser Strukturvorstellung und dem entsprechenden (globalen) Optimalitätskriterium Spur $\underline{W}$, daß es dem Centroid seiner Klasse möglichst nahe sein sollte (partielles Kriterium). Eine noch nicht optimale Klasseneinteilung kann u.U. verbessert werden, indem schrittweise jedes Element - soweit nicht schon geschehen - der Klasse des ihm nächststehenden Centroids zugewiesen wird. Auch nach der iterativen, u.U. mehrfachen Anwendung einer partiellen Zuordnungsregel auf sämtliche Elemente darf man aber nicht erwarten, daß auch das "entsprechende" globale Optimalitätskriterium bestmöglich erfüllt wird: Ausgehend von einer gegebenen Klasseneinteilung wird in jedem Iterationsschritt ein Element in einer meist willkürlichen, aber feststehenden Reihenfolge ausgewählt und eine Entscheidung über die bestmögliche Zuordnung zu einer der bestehenden Klassen getroffen. Explizit soll mit diesem Schritt - wenn möglich - die Klassenzuordnung des ausgewählten Elements verbessert werden. Implizit ist damit die Verbesserung der Klasseneinteilung als Ganzes beabsichtigt. Zwischen der expliziten, durch das partielle Kriterium kontrollierten und der impliziten Zielsetzung besteht jedoch kein notwendiger Zusammenhang: Die verbesserte Zuordnung eines Elementes ändert nämlich die Centroide seiner ursprünglichen und seiner neuen Klasse. Andere, bis dahin bestmöglich zugeordnete Elemente können sich dadurch vom Centroid ihrer eigenen Klasse weiter als von den Centroiden anderer Klassen entfernen. Trotz der verbesserten Zuordnung des einen Elementes kann sich damit die Summe der quadratischen Abstände aller Elemente zum Centroid der jeweils eigenen Klasse erhöhen. Iterative partielle Verfahren der beschriebenen Art schützen deshalb auch nicht vor zyklischen Bewegungen: Der Zustand einer gleichzeitig bestmöglichen Zuordnung aller Elemente wird u.U. nie erreicht.

Fast alle der bisher entwickelten iterativen partiellen Verfahren benutzen als (partielles) Steuerungskriterium den euklidischen Abstand eines Elementes vom Centroid der Klassen. Grundsätzlich ist dieses Kriterium auch auf andere, nicht-euklidische Metriken zu übertragen. Gründe der häufigen Verwendung liegen (a) im Zusammenhang dieses Kriteriums mit dem o. g. globalen Spur $\underline{W}$-Kriterium bzw. mit entsprechenden Kriterien für andere Metriken (s. o. Abschn. 4.2.1) und (b) in der besonders einfachen Berechnung dieses Kriteriums: Bei N Elementen und $K < N$ Klassen sind dazu nur die $K \cdot N$ Abstände zwischen Elementen und Centroiden gegenüber sonst $N(N-1)/2$ paarweisen Abständen zwischen Elementen nötig (vgl. Schäffer 1972, S.21 f).

Nun zum Ablauf des Suchprozesses: Alle bekannten iterativen Verfahren, ob sie nun global oder nur partiell optimieren, laufen in zwei Phasen ab: Zunächst muß in einer Initiierungsphase eine Anfangseinteilung gefunden und diese sodann in der sog. Iterationsphase schrittweise verbessert werden (vgl. Vogel 1973, Abschn. 242). In beiden Fällen ist auch eine Vorentscheidung über die Zahl der Klassen (K) zu treffen.

Zunächst zur Initiierungsphase: Die Anfangseinteilung der Elemente in K Klassen ist an sich beliebig. Es gibt jedoch verschiedene Vorschläge mit dem Ziel, den späteren Suchprozeß mit einer möglichst günstigen Anfangseinteilung zu beginnen. Zwei intuitive Argumente stützen diese Absicht: (1) Je näher eine Klasseneinteilung an einem (lokalen oder globalen Optimum liegt, desto schneller wird der iterative Suchprozeß zu einem Abschluß kommen. (2) Je besser bereits die Anfangseinteilung ist, desto wahrscheinlicher liegt sie im Einzugsbereich eines globalen anstelle eines nur lokalen Optimums (s. Abb. 32). Beide Argumente sind nicht zwingend. Angesichts der am Anfang des Suchverfahrens i. d. R. nur spärlichen Information sind die Erfolgsaussichten bei der Festlegung günstiger Anfangseinteilungen auch schlecht. Es gibt nur wenige und einander widersprechende Untersuchungen darüber (vgl. Cormack 1971, S. 334). Wenn zur Überwindung lokaler Optima (s. o. Abschn. 4.3.1) das iterative Verfahren von mehreren unterschiedlichen Anfangseinteilungen ausgehend wiederholt werden soll, scheint eine Auswahl mutmaßlich "günstiger" Anfangseinteilungen gegenüber einer Wahrscheinlichkeitsauswahl von Anfangseinteilungen insofern problematisch (vgl. Rubin 1967, S.137), als damit möglicherweise systematisch Anfangseinteilungen aus dem "Einzugsbereich" des gleichen, lokalen Optimums gewählt werden.

Im folgenden nennen wir einige Vorschläge zur Ermittlung einer Anfangseinteilung der Elemente in K Klassen:

(1) Die Elemente sind zufällig oder willkürlich den K Klassen zuzuweisen (vgl. Forgy 1965; Friedmann und Rubin 1967, S.1164; Rubin 1967, S.122).

(2) Es sind zufällig oder willkürlich K Elemente auszuwählen, die als "Kristallisationskerne" der K Klassen dienen sollen (vgl. Ball 1970, S.3; Bonner 1964, S.29 und 1966, S.974 f; MacQueen 1967, S.283; McRae 1970, S.6). Die übrigen Elemente sind entweder dem jeweils nächsten Kristallisationskern (vgl. Ball 1970, S.3; Jancey 1966, S.127) oder dem nächsten, aus Kristallisationskern und bereits zugewiesenen Elementen bestimmten Centroid (vgl. MacQueen 1967, S.283; McRae 1970, S.6) zuzuordnen. Im letztgenannten Fall hängt die Anfangseinteilung nicht nur von der Wahl der K Kristallisationskerne ab, sondern zusätzlich von der Eingabereihenfolge der Elemente.

(3) Es sind systematisch besonders "typische" Elemente oder Punkte im Merkmalraum auszuwählen und diesen die jeweils nächstliegenden der übrigen Elemente zuzuordnen. Einem Vorschlag L. Hyvärinens (1962, S.83 ff) zufolge wird z.B. ein "typisches" Element aufgrund eines informationstheoretischen Konzepts ausgewählt und ihm alle "nächstliegenden" Elemente zugeordnet, soweit sie eine festgesetzte Schwelle S^* unterschreiten. Aus dem Rest der Elemente wird

wieder ein typisches Element ausgewählt usf.

(4) Die Elemente werden aufgrund eines hierarchischen Verfahrens (s. u. Abschn. 4.3.3) in K Klassen vorgeordnet (vgl. Forgy 1965; Lance und Williams 1967C, S.276; Wishart 1969C).

In der Iterationsphase wird versucht, die Anfangseinteilung zu verbessern. Die bislang vorgeschlagenen Verfahren unterscheiden sich vor allem in der Länge eines Iterationsschrittes: Manche Verfahren weisen zunächst sämtliche Elemente den jeweils nächsten Centroiden aus der Anfangseinteilung bzw. des vorhergehenden Iterationsschrittes zu und berechnen erst dann die aufgrund veränderter Klassenzugehörigkeit einiger oder vieler Elemente veränderten Centroide neu (vgl. Ball und Hall 1965; Forgy 1965; Jancey 1966). Andere Verfahren (vgl. Beale 1969; MacQueen 1967; McRae 1970) berechnen nach jeder Neuzuweisung auch nur eines Elementes das Centroid der Ziel-Klasse des bewegten Elements. Mit der Neuzuordnung eines Elements (bzw. mehrerer Elemente) zur jeweils aufgrund der Vorinformationen bestmöglich erscheinenden Klasse erweisen sich jedoch frühere Zuordnungen u.U. als falsch:Durch die verbesserte Zuordnung eines einzelnen Elementes kann sich die bestmögliche Zuordnung vieler anderer Elemente ändern.

Im iterativen partiellen Verfahren entsteht deshalb stets das Problem, an welchen Stellen der Suchprozeß abzubrechen sei. Ohne die Sicherung durch ein übergreifendes globales Kriterium (s. o. Abschn. 4.3.1) ist eine solche Entscheidung i.d.R. nur willkürlich oder nach groben Erfahrungsregeln zu treffen: Das Suchverfahren kann z.B. abgebrochen werden, wenn sich nach einem Neuzuordnungsversuch mit sämtlichen Elementen keines der K Centroide verändert hat (vgl. Vogel 1973, Abschn. 242). Ändert sich dagegen mindestens eines der Centroide, so weiß man nichts über den Stand des Verfahrens; der Suchprozeß liefert entweder (noch) verbesserte Klasseneinteilungen oder befindet sich (bereits) in einer Endlosschleife. Man hilft sich in solchen Fällen, indem man die Zahl der Iterationsschritte willkürlich beschränkt (vgl. z.B. MacQueen 1967; Wishart 1969C).

Um solche Willkürentscheidungen zu vermeiden, werden iterative partielle Verfahren auch in globale Verfahren integriert. Der partielle Teil des Verfahrens soll in dieser Verwendung bei relativ geringem Aufwand eine gute Anfangseinteilung ermitteln oder zwischen je zwei Anwendungen des globalen Kriteriums eine zielgerichtete Veränderung der Klasseneinteilung herbeiführen. Sind die Klassen wohlstrukturiert oder ist die Anfangseinteilung der Elemente sehr weit von einem (möglicherweise lokalen) Optimum entfernt, so steuert das partielle Verfahren die Suche i.d.R. auch effizient auf bessere Klasseneinteilungen zu. Der globale Verfahrensteil soll den Eintritt des partiellen Suchprozesses in Endlosschleifen verhindern: Nach jeweils einer festgesetzten Zahl von partiellen Iterationsschritten, i.d.R. nach dem einmaligen Versuch der Neuzuweisung aller N Elemente, wird anhand des Optimalitätskriteriums festgestellt, ob eine Verbesserung der Klasseneinteilung als Ganzes erreicht wurde. Ist dies nicht der Fall, so befindet man sich wahrscheinlich in der Nähe eines Optimums. Der partielle Verfahrensteil wird beendet und gegebenenfalls ein globales iteratives Suchverfahren angeschlossen ("final sharpening process", vgl. McRae 1970, S.7).

Zu den iterativen partiellen Verfahren ist noch nachzutragen, daß einige von ihnen im Laufe des Suchprozesses auch die Veränderung der Klassenzahl erlauben. Allerdings müssen in diesem Fall andere, der Klassenzahl äquivalente Strukturvorgaben festgelegt sein (vgl. Abschn. 4.1), deren Ableitung aus inhaltlichen Vorstellungen kaum leichter möglich sein wird als die Ableitung der Klassenzahl selbst. J. MacQueen (1967) z.B. verlangt die Vorgabe der Klassenzahl K und zusätzlicher

Distanzschwellen R^* und C^*. Ist ein Element im Laufe der Initiierungs- oder der Iterationsphase auch vom relativ nächstliegenden Centroid noch weiter als R^* entfernt, so bildet das betreffende Element eine neue Klasse. Haben zwei Centroide dagegen einen geringeren Abstand als C^*, so werden sie zusammengefaßt (vgl. Schäffer 1972, S. 30 f). G.H. Ball und D.J. Hall (1965), J. Rubin (1967), G.S. Sebestyen (1962) haben ähnliche Prozeduren vorgeschlagen.

Ausführlichere Darstellungen verschiedener iterativer partieller Verfahren sind den oben genannten Arbeiten, zusammenfassende Darstellungen dieser und weiterer Verfahren u.a. den Arbeiten von H.H. Bock (1974), R.M. Cormack (1971, S.333 f), G.N. Lance und W.T. Williams (1967C, S.272 ff), D. Wishart (1969A, S.285 ff) und F. Vogel (1973, Abschn. 242) zu entnehmen.

4.3.3. Partielle Verfahren zur Suche nach einer Hierarchie optimaler Klasseneinteilungen

Innerhalb hierarchischer Verfahren wird - wie bei den eben besprochenen iterativen Verfahren - die Suche nach einer geeigneten Klasseneinteilung durch ein partielles Entscheidungskriterium gesteuert. Wie dort wird häufig auch hier implizit eine Klasseneinteilung mit bestimmten globalen Eigenschaften angestrebt; explizit werden wieder nur Teilaspekte der Klasseneinteilung zur Steuerung des Suchverfahrens benutzt: An die Stelle der iterativen, in den folgenden Schritten jeweils "korrigierbaren" Zuordnung jedes einzelnen Elements zu einer von K Klassen tritt innerhalb hierarchischer Verfahren die jeweils endgültige Entscheidung, welche zwei von von K Klassen bestmöglich zu fusionieren seien bzw. welche der K Klassen bestmöglich zu teilen sei.

Man unterscheidet agglomerative (aufbauende) und divisive

(abbauende) hierarchische Verfahren (vgl. Lance und Williams 1967B). Agglomerative Verfahren beginnen damit, daß jedes Element seine eigene Klasse bildet. In jedem Schritt des Verfahrens werden zwei Klassen (die zunächst nur aus jeweils einem Element bestehen) zu einer neuen Klasse zusammengefaßt, bis nach N-1 Schritten sämtliche Elemente in einer einzigen Klasse vereinigt sind (s. Abb. 33B)[1].

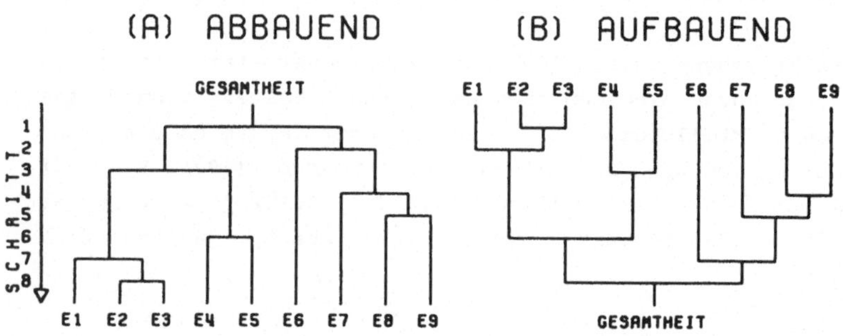

Abbildung 33: Hierarchische Klasseneinteilungen

Divisive Verfahren gehen den umgekehrten Weg. Sie beginnen mit der Vereinigungsklasse aller Elemente und teilen diese bzw. die in den folgenden Schritten daraus entstehenden Klassen immer weiter auf (s. Abb. 33A). Wegen der geringen praktischen Bedeutung dieser Form hierarchischer Klasseneinteilung verzichten wir auf eine Diskussion der Verfahren. Hinweise darauf sind u.a. in G.N. Lance und W.T. Williams (1965 und 1968) zu finden.

1) Vielfach wird in der Literatur auch ein Unterschied zwischen "pair-group" und "variable-group-methods" gemacht. Letztere erlauben in jedem Schritt des Verfahrens auch die gleichzeitige Vereinigung mehrerer Klassen. Wegen der geringen praktischen Bedeutung dieser Verfahren behandeln wir jedoch nur die "pair-group-methods"; vgl. Vogel 1973, Abschn. 24321 (B3).

Gegenüber den iterativen (globalen wie partiellen) Verfahren liefern die hierarchischen Verfahren also nicht nur eine Einteilung mit bestimmter Klassenzahl K, sondern für jede mögliche Zahl von Klassen (K = 1,2...N) jeweils eine Einteilung. Diese Klasseneinteilungen sind insofern "hierarchisch" verbunden, als die Klassen einer bestimmten Einteilung entweder mit den Klassen einer Einteilungen höherer Klassenzahl identisch sind oder mehrere davon vollständig umfassen (s. Abb. 33). Andererseits erfolgt durch das hierarchische Verfahren gegenüber den iterativen partiellen Verfahren nochmals eine drastische Beschränkung der Zahl zu betrachtender Klasseneinteilungen: Für jede gegebene Zahl von K Klassen wird nunmehr nur noch eine einzige Einteilung betrachtet. Diese Einteilung ist durch den Weg der schrittweisen Fusionen bzw. Teilungen der Klassen in der Regel[1] eindeutig bestimmt. Innerhalb des hierarchischen Verfahrens werden keine Versuche zur Verbesserung der jeweiligen Klasseneinteilung zu K Klassen unternommen.

4.3.3.1. Hierarchische Einteilungen mit homogenen Klassen

Zurück zu den agglomerativen hierarchischen Verfahren. Wie bei der Behandlung der iterativen partiellen Verfahren wollen wir auch hier fragen, auf welche Weise und inwieweit die Anwendung partieller Kriterien bei der Suche nach Klasseneinteilungen mit bestimmten globalen Eigenschaften helfen kann. Wir nehmen zunächst wieder an, daß möglichst homogene Klassen angestrebt und das Spur $\underline{W}$-Kriterium den inhaltlichen Strukturvorstellungen wie der Datenlage angemessen sei.

Eine aus dieser Strukturvorstellung abgeleitete Entscheidung über die bestmögliche Fusion zweier Klassen K und L einer

---

1) Ausnahmen s. Sibson 1971, S.156.

gegebenen Klasseneinteilung orientiert sich an dem Zuwachs der innerklasslichen Merkmalsvarianz ("Fehlerquadratsumme"; vgl. Ward 1963): In jedem Schritt des hierarchischen Verfahrens sind diejenigen beiden Klassen zusammenzufassen, deren Fusion zum geringstmöglichen Zuwachs der Fehlerquadratsumme innerhalb der Klassen führt. Entsprechend der o. g. Zerlegung der gesamten Varianz über alle Elemente

$$\text{Spur } \underline{T} = \text{Spur } \underline{W} + \text{Spur } \underline{B}$$

kann auch die Varianz über alle Elemente der beiden Fusionsklassen K und L aufgeteilt werden:

Fehlerquadratsumme innerhalb der Vereinigungsklasse aus K und L	=	Fehlerquadratsumme innerhalb der getrennten Klassen K und L	+	Fehlerquadratsumme zwischen den Klassen K und L

bzw.

Spur (K u. L vereinigt)	=	Spur (innerhalb K u. L)	+	Spur (zwischen K u. L)

Der Zuwachs der "innerklasslichen" Varianz durch Fusion der beiden Klassen K und L entspricht genau der Varianz, die vor der Fusion <u>zwischen</u> den Klassen bestand. Wir können damit auch einen Zusammenhang herstellen zwischen dem partiellen, das hierarchische Verfahren steuernden Fusionskriterium "Fehlerquadratssummen-Zuwachs" ('FZ') und dem implizit zu optimierenden globalen Kriterium Spur $\underline{W}$. Der Prozeß der hierarchischen Klassenbildung beginnt mit N Klassen zu jeweils einem Element. Die Varianz innerhalb der Klassen (Spur $\underline{W}$) ist zunächst Null; die Gesamtvarianz (Spur $\underline{T}$) konzentriert sich entsprechend auf die Varianz zwischen den Klassen (Spur $\underline{B}$):

Anfangseinteilung s = O: Spur $\underline{T}$ = O + Spur $\underline{B}_o$
(N Klassen)

In jedem Schritt s (s = 1,2... N-1) des Verfahrens wächst Spur $\underline{W}$ durch die bestmögliche Fusion zweier Klassen mit zunächst jeweils nur einem, später mehreren Elementen, um die kleinstmögliche Fehlerquadratsumme FZ_s, während Spur $\underline{B}$ um den gleichen Betrag abnimmt:

Fusionsschritt s=1: $Spur\underline{W}_1 = 0 + FZ_1$ $Spur\underline{B}_1 = Spur\underline{T} - FZ_1$
(N-1Klassen)

Fusionsschritt s=2: $Spur\underline{W}_2 = FZ_1 + FZ_2$ $Spur\underline{B}_2 = Spur\underline{T} - FZ_1 - FZ_2$
(N-2Klassen)

<u>allgemein</u>:

Fusionsschritt S: $Spur\underline{W}_S = \sum_{s=1}^{S} FZ_s$ $Spur\underline{B}_S = Spur\underline{T} - \sum_{s=1}^{S} FZ_s$
(N-SKlassen)

Eine Klasseneinteilung mit einer bestimmten Zahl von Klassen K wird also mittels des beschriebenen hierarchischen Verfahrens von Ward durch S = N-K Fusionsschritte derart aus der Anfangseinteilung mit N Klassen erzeugt, daß der Zuwachs der Fehlerquadratsumme FZ_s jedes einzelnen Schrittes minimal ist. Wenn aber auch jeder einzelne Schritt des hierarchischen Verfahrens im Hinblick auf das (partielle) Fusionskriterium optimal ist, bedeutet das keineswegs, daß auch die resultierende Klasseneinteilung hinsichtlich des (globalen) Spur $\underline{W}$-Kriteriums optimal ist. Durch das hierarchische Verfahren ist von vornherein der Zahl und Art zu betrachtender Klasseneinteilungen eine Beschränkung auferlegt: Für jede Zahl von Klassen K wird nur eine einzige Einteilung betrachtet, und diese Einteilung darf nur durch die Fusion zweier Klassen der jeweils vorhergehenden Klasseneinteilung (mit K+1 Klassen) geschehen. Jede Neuordnung der Elemente ist damit ausgeschlossen. <u>Sind Elemente einmal der gleichen Klasse zugeordnet, so können sie in keinem späteren Schritt des Verfahrens mehr getrennt werden</u>!

Jedoch haben Versuche mit dem Verfahren von Ward außerordentlich gute Klassifikationsergebnisse gebracht (vgl. Forst 1973, Abschn. 2821; Vogel 1973,Abschn.24321(B7): Trotz des gegenüber iterativen Verfahren stark verminderten Suchaufwandes waren die hierarchisch ermittelten Klasseneinteilungen durch Anwendung iterativer partieller und globaler Verfahren nicht wesentlich zu verbessern[1].

Die Anwendbarkeit des Verfahrens ist auf alle jene Fälle beschränkt, in denen auch das Spur $\underline{W}$-Kriterium als globales Maß für die Güte einer Klasseneinteilung angemessen wäre. Ausgeschlossen sind Fälle, in denen die zu ordnenden Elemente nicht in einem euklidischen Merkmalraum dargestellt oder die paarweisen Unähnlichkeiten zwischen ihnen nicht durch euklidische Abstände beschrieben wurden. Sind die paarweisen Unähnlichkeiten zumindest durch eine Metrik bestimmt, so ist bei der Suche nach möglichst homogenen Klassen parallel zu entsprechenden Verallgemeinerungen iterativer globaler und partieller Verfahren (s. o. Abschn. 4.3.1 und 4.3.2) mit dem "average-linkage"-Verfahren (vgl. u.a. Lance und Williams 1967B) auch ein hierarchisches Verfahren vorgeschlagen worden: In jedem Schritt des hierarchischen Verfahrens sind diejenigen Klassen zusammenzufassen, deren Elemente die geringste durchschnittliche Distanz voneinander haben:

$$\text{Minimum} \quad \frac{1}{N_K \, N_L} \left(\sum_{i=1}^{N_K} \sum_{j=1}^{N_L} d_{ij} \right)$$

(Es bedeuten: $i = 1,2 \ldots N_K$: Elemente der Klasse K; $j = 1, 2 \ldots N_L$: Elemente der Klasse L; N_K bzw. N_L: Zahl der Elemente in der Klasse K bzw. L; d_{ij}: Abstand zwischen den Elementen i und j.)

Für den Fall zweiwertig qualitativer Merkmale hatten wir eine der Zerlegung der Merkmalsvarianz entsprechende Zerlegung der totalen Entropie in die Entropie "innerhalb" bzw. "zwischen"

---

1) Diese Ergebnisse können nicht verallgemeinert werden. Unglückliche Datenstrukturen mögen im Einzelfall dazu führen, daß die Verwendung des Ward'schen Verfahrens weit von der optimalen Klasseneinteilung entfernte Ergebnisse liefert. Für viele Fälle und insbesondere für gut strukturierte Daten bietet das Verfahren jedoch bei geringem Suchaufwand eine leistungsfähige Alternative zu iterativen partiellen oder globalen Verfahren mit entsprechenden Kriterien.

Klassen kennengelernt (s. o. Abschn. 4.3.1):

$$H_T = H_W + H_B$$

Entsprechend der Logik des Vorgehens im Verfahren von Ward kann hier folgende Fusionsregel festgelegt werden: in jedem Verfahrensschritt sind jeweils diejenigen Klassen zusammenzufassen, deren innerklassliche Entropie durch die Fusion geringstmöglich wächst. Die Zunahme der innerklasslichen Entropie durch Fusion der Klassen(HZ), auch Informationsgewinn genannt, entspricht wieder genau der Entropie "zwischen" den beiden Klassen K und L vor der Fusion. Durch die Minimierung von HZ_s in jedem Schritt s (s= 1,2...N-1) des Verfahrens (partielles Fusionskriterium) wird hier - wie im Verfahren von Ward hinsichtlich der Fehlerquadratsumme - die Absicht verfolgt, bei jeder Zahl K von Klassen jeweils eine Einteilung mit möglichst geringer innerklasslicher Entropie (H_W als globalem Kriterium) zu erzielen. Eine ausführliche Diskussion der Eigenschaften des Verfahrens und der resultierenden Klasseneinteilungen gibt F. Vogel (1973, Abschn. 24321 (A)).

Weitere hierarchische Verfahren zur Ermittlung von Einteilungen mit möglichst homogenen Klassen, die anderen Fusionskriterien folgen (u.a. "complete linkage", "centroid sorting", "median"), werden - auch hinsichtlich der Eigenschaften der resultierenden Klasseneinteilungen - sehr ausführlich von G.N. Lance und W.T. Williams (1967B), H.T. Forst (1973), F. Vogel (1973) und D. Wishart (1969A) diskutiert.

4.3.3.2. Hierarchische Einteilungen mit externer Isolierung der Klassen

Alle bislang besprochenen hierarchischen Verfahren wie auch die vorher behandelten globalen und partiellen iterativen Verfahren betonen einseitig die Suche nach Klassen mit möglichst großer interner Homogenität. Damit ist die Annahme verbunden, die im Klassifikationsraum dargestellten Elemente seien jeweils als Punktwolken in Form von "Hyperfußbällen" geordnet. Solche Vorstellungen sind jedoch u.U. den inhaltlichen Problemen nicht angemessen: Der Gesichtspunkt externer Isolierung von Punktwolken mit beliebiger Form kann gegenüber dem Gesichtspunkt interner Homogenität dominieren.

Ein hierarchisches Verfahren mit einseitiger Betonung externer Isolierung der Klassen ist das Verfahren des "nächsten Nachbarn" (vgl. u.a. Lance und Williams 1967B). In jedem Schritt des Verfahrens werden die einander nächsten (bzw. ähnlichsten) Klassen fusioniert. Als Nähe (bzw. Ähnlichkeit) gilt dabei der Abstand der einander nächststehenden Elemente aus beiden Klassen[1]. Die ausschließliche Berücksichtigung nur jeweils eines "repräsentativen" Elements aus jeder Klasse bzw. die Vernachlässigung aller übrigen Elemente kann im Laufe des hierarchischen Fusionsprozesses zu sehr heterogenen Klassen führen. Zwischen den Elementen der so gebildeten Klassen bestehen deshalb nicht notwendig geringe paarweise Abstände. Alle Elemente sind jedoch über eine Kette anderer Elemente der gleichen Klasse miteinander verbunden. Jede Verbindung zweier benachbarter Elemente der Kette ist dabei durch einen geringeren Abstand ausgezeichnet, als er zwischen irgend einem Element der jeweiligen Klasse und einem beliebigen klassenfremden Element besteht.

Im Gegensatz zu allen bisher besprochenen globalen und partiellen Verfahren ist die Fusionsregel des "nächsten Nachbarn"

---

1) Die Kennzeichnung der Nähe zwischen Klassen durch ein Ähnlichkeits- bzw. Unähnlichkeitsmaß zwischen nur zwei Elementen bedeutet, daß zur Beschreibung der paarweisen Ähnlichkeit/Unähnlichkeit zwischen Elementen nicht unbedingt eine Metrik verwandt werden muß. Es genügt bereits ein Maß, das die paarweisen Ähnlichkeiten/Unähnlichkeiten zwischen Elementen in eine Ordnung bringt.

in der Lage, in sich sehr heterogene, aber klar voneinander abgegrenzte Klassen aufzudecken (vgl. Abschn. 4.1, Abb. 29 C). Dieser - bei entsprechender Zielsetzung der Suche nach Klasseneinteilungen-besondere Vorteil des Verfahrens schlägt allerdings leicht zu seinem Nachteil um: Sind die Klassen nicht durch leere Grenzzonen voneinander getrennt, so können im übrigen deutlich voneinander getrennte Klassen durch verhältnismäßig wenige Elemente miteinander verbunden und damit im Laufe des hierarchischen Verfahrens "irrtümlich" fusioniert werden. Abbildung 34 veranschaulicht diese unerwünschte Kettenbildung ("chaining effect"). Sie zeigt zwei sehr dicht besetzte Zonen (A1/A2 und B1/B2) im zweidimensionalen Merkmalraum, die jeweils durch eine schmale, leere Grenzzone unterteilt sind. Eine lange, dünne Kette von Elementen verbindet die Unterklassen A1 und B1. Im hierarchischen Verfahren nach der Fusionsregel des "nächsten Nachbarn" werden die beiden Unterklassen bereits eher miteinander verbunden als die Klassen A1/A2 bzw. B1/B2.

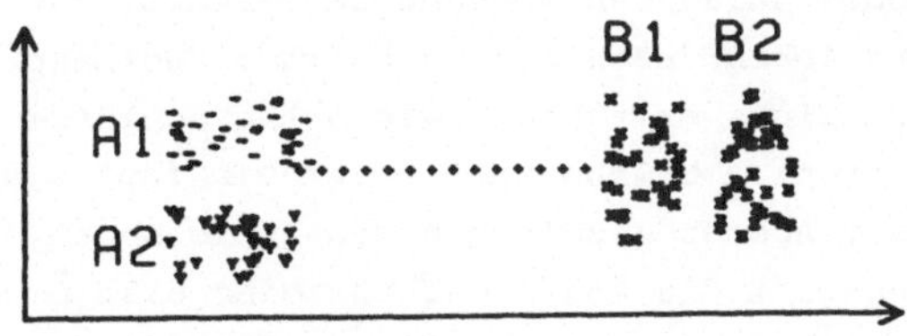

Abbildung 34: Methode des "nächsten Nachbarn": Kettenbildung

Wenn diese Kettenbildung vermieden werden soll, dürfen einem Vorschlag von D. Wishart (1969 A: "mode analysis") zufolge im hierarchischen Klassifikationsverfahren nur solche Elemente berücksichtigt werden, die in Unterräumen mit einer bestimmten <u>Mindestdichte</u> der Elemente liegen. Die Mindestdichte muß allerdings wieder (willkürlich) festgelegt werden: Alle Elemente, in deren Umkreis R^* (genauer: in einer Hyperkugel vom Radius R^* mit diesem Element als Mittelpunkt) eine Mindestanzahl Z^* anderer Elemente liegt, werden im hierarchischen Verfahren nach der Fusionsregel des "nächsten Nachbarn" berücksichtigt. Alle übrigen Elemente sind erst anschließend, d.h. nach Abschluß des eigentlichen hierarchischen Verfahrens und nach Auswahl einer aus dem System der N hierarchischen Klasseneinteilungen, den bis dahin gebildeten Klassen zuzuordnen.

Unter welcher Zielsetzung und mit welcher Fusionsregel hierarchische agglomerative Verfahren auch ablaufen, immer liefern sie ein System von Klasseneinteilungen mit Klassenzahlen zwischen N und 1. Die Gesamtheit dieser N Klasseneinteilungen und die Werte des Fusionskriteriums, bei denen die Zusammenfassung je zweier Klassen auf den N-1 Stufen des Verfahrens geschah, werden in einem sogenannten Dendrogramm dargestellt (s. Abb. 35). Soweit das Fusionskriterium eine quantitative Aussage erlaubt (Metrik), wird im Dendrogramm nicht nur die Reihenfolge der Fusionen einzelner Elemente und Klassen, sondern darüber hinaus auch der jeweilige "Wert" der Fusion angezeigt, z.B. durch den Zuwachs der Fehlerquadratsumme, der Entropie oder durch den Abstand der jeweils für die Fusion verantwortlichen "nächsten Nachbarn". "Wertesprünge" des Fusionskriteriums erlauben gewisse Rückschlüsse auf die Struktur der Daten: Abbildung 35A zeigt ein fast kontinuierliches Wachsen der Abstände zwischen den fusionsbestimmenden "nächsten Nachbarn"; die Präferenz für eine bestimmte Zahl von Klassen ist daraus nicht abzuleiten. Abbildung 35B dagegen weist nach einem zunächst kontinuierlichen Anstieg der fusionsbestimmenden Abstände einen deutlichen Sprung (unterbrochene Linie) auf: Die erst jenseits dieses Sprunges fusionierenden Klassen sind voneinander weit stärker separiert als die bereits früher fusionierenden Klassen[1]. Aus dem Dendrogramm ist deshalb zu entnehmen, daß die Einteilung der

---

1) Diese Information des Dendrogramms kann auch in einem "Struktugramm" dargestellt werden, s. o. Abschn. 4.1.

Elemente in zwei deutlich abgegrenzte Klassen möglich ist. Das bedeutet zwar nicht, daß damit die "richtige" Klassenzahl gefunden sei. Wenn aber Klassen gesucht sind, die der Strukturvorstellung externer Isolierung entsprechen, dann ist eine solche Struktur mit den gegebenen Daten am ehesten durch zwei Klassen zu repräsentieren.

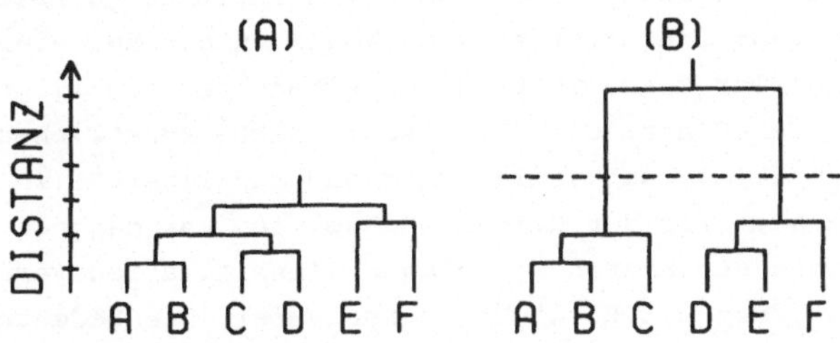

Abbildung 35: Dendrogramme

4.4. Zusammenfassung

In diesem Kapitel haben wir uns sowohl mit den inhaltlich zu begründenden Strukturvorstellungen, welche die Suche nach einer geeigneten Klasseneinteilung der Elemente leiten sollen, wie auch mit den Verfahren zur Aufdeckung entsprechender Strukturen in den jeweils gegebenen Daten beschäftigt. Ausgehend von einer Darstellung der Elemente im (möglichst euklidischen) Merkmalraum oder einem daraus abgeleiteten (möglichst metrischen) Klassifikationsraum lernten wir die fast allen Klassifikationsverfahren zugrunde liegenden Konzepte interner Homogenität und externer Isolierung der Klassen und einige der möglichen oder zur hinreichend präzisen Beschreibung der gesuchten Klasseneinteilung nötigen zusätzlichen Strukturbedingungen kennen.

Wir halten eine solche Präzisierung der Ziele und der sie begründenden Strukturvorstellungen für jede Klasseneinteilung unerläßlich, die sich "automatischer" Verfahren bedient. Zwar wird gelegentlich darauf hingewiesen, daß dies eine allzu strenge Forderung sei (vgl. z.B. Gower 1971 ,S.360 ff). Auch künstliche Klassifikationen, wie sie in der Begriffsbildung der Wissenschafts- und Alltagssprache gewisse Nützlichkeit beweisen, stützen sich häufig nicht auf eine vorgängig klar formulierte Beschreibung der jeweiligen Eigenschaften der Einteilung. Doch sind solche künstlichen Einteilungen leicht nachvollziehbar und der Einsicht in ihre Brauchbarkeit wie der Kritik zugänglich. Was dagegen im Laufe eines der hier besprochenen Klassifikationsverfahren geschieht, ist i.d.R. nicht überschaubar. Die Bedeutung einer solchen Einteilung und ihre künftige Brauchbarkeit für die angestrebten Zwecke ist <u>nur durch den Vergleich der festgelegten Strukturvorstellungen mit den Eigenschaften des jeweils gewählten Verfahrens zu beurteilen</u>.

Im Anschluß an die Strukturvorstellungen wurden einige (globale) Optimalitätskriterien zur Beurteilung der <u>Güte von Klasseneinteilungen</u> dargestellt. Solche Kriterien konkretisieren die jeweils festgelegten Strukturvorstellungen. Sie geben einen Maßstab für den Vergleich zweier Klasseneinteilungen. Dies erlaubt die Entscheidung, welche der beiden Einteilungen eine gegebene Menge von Elementen hinsichtlich des gewählten Strukturkonzeptes besser in Klassen ordnet. Neben Unterschieden im Detail ist den besprochenen Optimalitätskriterien gemeinsam, daß sie den Grad der Homogenität von Klassen beurteilen und daß sie neben einer Spezifizierung der Homogenität eine Vorgabe der Zahl der Klassen bzw. entsprechender Randbedingungen erfordern.

Schließlich haben wir verschiedene Verfahren zur Suche nach Klasseneinteilungen besprochen. Wir haben uns dabei auf die Darstellung einiger Grundzüge beschränkt: Welche Aspekte der

Verteilungsstruktur der Elemente im Klassifikationsraum decken die Verfahren auf bzw. welche Aspekte vernachlässigen sie? Welcher Zusammenhang besteht zwischen den aufzudeckenden Aspekten der Verteilungsstruktur und den im Suchverfahren wirksamen Steuerungsmechanismen? Welche formalen Voraussetzungen sind an die Darstellung der Elemente im Merkmalraum bzw. an die Beschreibung ihrer paarweisen Unähnlichkeiten zu stellen?

Globale Verfahren wurden von partiellen unterschieden: Erstere benutzen unmittelbar ein Optimalitätskriterium, das einen Vergleich der Güte verschiedener Klasseneinteilungen als Ganzes erlaubt. Letztere benutzen zwar andere (partielle) Kriterien, die sich nur auf einzelne Elemente oder Klassen statt auf die gesamte Klasseneinteilung beziehen, zielen im Grunde aber ebenfalls auf Klasseneinteilungen mit bestimmten globalen Eigenschaften. Ginge es nur nach dem Gesichtspunkt größtmöglicher Entsprechung zwischen gesuchter Struktur und wirksamen Steuerungsmechanismen, so könnte die Entscheidung nur zugunsten globaler Verfahren fallen.

Wir haben aber auch gesehen, daß globale Verfahren ohne die Vorauswahl der zu prüfenden Klasseneinteilungen einen unvertretbaren Suchaufwand erfordern. Mit partiellen iterativen und hierarchischen Verfahren haben wir zwei Formen der Vorauswahl von Klasseneinteilungen kennengelernt. Beide bieten eine gewisse Gewähr, daß trotz der Berücksichtigung nur sehr weniger aus der Zahl aller möglichen Einteilungen doch auch solche Klasseneinteilungen beachtet werden, die eine im Sinne der Strukturvorstellungen "gute" Ordnung der Elemente darstellen. Es wäre sinnvoll, diese Vorauswahl mit einer "globalen" Prüfung der Klasseneinteilungen abzuschließen. Mischstrategien dieser Art sind jedoch relativ selten praktiziert worden. In der Mehrzahl aller bisher unternommenen Klassifizierungsversuche begnügte man sich mit der Suche nach Klasseneinteilungen anhand partieller Kriterien und verzichtete auf die globale Beurteilung der Klasseneinteilung als Ganzes.

Die Behandlung einiger Suchverfahren und der Eigenschaften der von ihnen erzeugten Klasseneinteilungen mußte sich im Rahmen dieser Arbeit auf einige wesentliche Aspekte beschränken. Ausführlichere Diskussionen der Verfahren müßten neben den Haupteigenschaften der angestrebten Einteilung auch behandeln, inwieweit die Verfahren Nebengesichtspunkten folgen und z.B. tendenziell Klassen mit ungefähr gleicher Zahl von Elementen liefern, Ausreißer (d.h. relativ isolierte Elemente) separieren oder sie sehr leicht und später nicht mehr feststellbar an bestehende Klassen binden usf. Diskussionen solcher Eigenschaften, die sich z.T. auf Versuche mit simulierten Daten stützen, sind H.T. Forst (1973); G.N. Lance und W.T. Williams (1967 B und 1967 C) sowie F. Vogel (1973) zu entnehmen.

Eine weitere Gruppe von Problemen, die in der Klassifikationsliteratur breiten Raum einnimmt, wurde hier fast völlig vernachlässigt: Klassifikationsverfahren haben sehr unterschiedliche Konsequenzen für den technischen Ablauf des Suchprozesses mit Hilfe elektronischer Datenverarbeitungsanlagen. Die partiellen Verfahren werden z.B. häufig in sog. rekursive und nicht-rekursive Verfahren eingeteilt: Rekursive Verfahren greifen in jedem Schritt des Suchprozesses nur auf die Unähnlichkeitsmatrix (N,N) zurück, nicht-rekursive Verfahren benötigen dagegen den Rückgriff auf die Datenmatrix (N,M). Je nachdem, ob die Zahl der Elemente (N) oder der Merkmale (M) überwiegt, ist der Bedarf an Speicherzellen, der einen wichtigen und die Möglichkeit zur Abwicklung eines Verfahrens begrenzenden Faktor darstellt, entweder in rekursiven oder in nicht-rekursiven Verfahren größer. Andererseits bedeutet der in jedem Verfahrensschritt nötige Rückgriff auf die Datenmatrix bei nicht-rekursiven Verfahren einen erheblichen zusätzlichen Rechenaufwand, was solche Verfahren bei großen

Datenmengen gegenüber rekursiven Verfahren benachteiligt oder unmöglich macht. Gesichtspunkte der genannten Art müssen bei der endgültigen Wahl eines Klassifikationsverfahrens berücksichtigt werden. Sie wurden in dieser Arbeit nicht behandelt, weil es sich um sekundäre Gesichtspunkte handelt: Der in erster Linie an inhaltlichen Problemen interessierte Leser muß sich zunächst der formalen Struktur seiner Probleme bewußt werden und von daher seine Zielvorstellungen über die gesuchte Klasseneinteilung entwickeln. Fragen der Durchführbarkeit, die insbesondere mit der Auswahl eines Verfahrens zusammenhängen und sich an den entstehenden Kosten orientieren, können bzw. müssen anschließend, möglicherweise unter Hilfe von Statistikern oder spezialisierten Datenverarbeitungsfachleuten geklärt werden. Eine Vermischung der Gesichtspunkte beider Art kann weder der Lösung inhaltlicher Probleme noch der sparsamen Mittelverwendung dienen.

Schließlich haben wir an verschiedenen Stellen dieses Kapitels auf die Notwendigkeit, aber auch auf die Problematik einer aus inhaltlichen Gesichtspunkten abzuleitenden Vorentscheidung über die Zahl der Klassen bzw. entsprechende Eigenschaften wie Schwellenwerte der innerklasslichen Homogenität, der Dichte u.ä. hingewiesen. Die Möglichkeit, solche Entscheidung erst nach der Ermittlung optimaler bzw. suboptimaler Klasseneinteilungen anhand eines "Struktugramms"zu treffen, ist begrenzt: Globale und partielle iterative Verfahren erfordern schon zur Ermittlung auch nur einer einzigen Klasseneinteilung mit vorgegebener Zahl von Klassen einen oft kaum zu leistenden Suchaufwand. Der hier gewiesene Weg ist deshalb für den praktischen Einsatz nur geeignet, wenn ein hierarchisches Suchverfahren gewählt wird. Von hier aus wird auch die Tendenz verständlich, in neuerer Zeit zunehmend Suchstrategien zu kombinieren: Zunächst werden hierarchische Verfahren angewandt, die Aufschluß über die Klassifizierbarkeit der Daten und über die angemessene Zahl von Klassen geben sowie eine Anfangseinteilung der Elemente liefern. Anschließend wird mittels iterativer partieller und/oder globaler Verfahren die Anfangseinteilung verbessert (vgl. Lance und Williams 1967C, S.276; Vogel 1973, Abschn. 242).

Neben den hier behandelten Klassifikationsverfahren sind in der Literatur zahlreiche weitere Verfahren vorgeschlagen worden. Zur ausführlichen Information sei auf einige Arbeiten verwiesen, die eine größere Zahl von Verfahren zusammenfassend behandeln (vgl. Bock 1974; Cormack 1971; Jardine und Sibson1971B; Lance und Williams 1967B und C; Lerman 1970; Vogel 1973; Wishart 1969C). Beachtung verdienen auch die in dieser Arbeit wie in der Klassifikationsliteratur allgemein etwas vernachlässigten Verfahren mit dem Ziel, den Strukturaspekt der externen Isolierung von Klassen gegenüber der internen Homogenität stärker zu betonen (vgl. u.a. Cattell und Coulter 1966, s. dazu auch Baumann 1971; Nygreen 1970; Rohlf 1970).

Diese Arbeit sollte primär dem an inhaltlichen Problemen interessierten Leser als Einführung dienen. Sie sollte über die formalen Strukturen informieren, die vorausgesetzt werden müssen, wenn die Anwendung einiger heute gebräuchlicher Klassifikationsverfahren sinnvoll sein soll. Wenn in den inhaltlichen Problemen keine der behandelten Strukturen erkennbar sind, wenn es auch nicht gelingt, von den inhaltlichen Zielsetzungen her hinreichend präzise Strukturvorstellungen anderer Art zu entwickeln, so kann u.E. die Verwendung von Klassifikationsverfahren nur mißbräuchlich sein.

Die technische Durchführung eines einmal gewählten Verfahrens bereitet demgegenüber i.d.R. keine großen Schwierigkeiten. Für alle hier behandelten Verfahren wurden Standardprogramme entwickelt: Der größte Teil aller bislang vorgeschlagenen Ähnlichkeits- bzw. Unähnlichkeitsmaße und die Mehrzahl aller hierarchischen Klassifikationsverfahren sind in einem sehr flexiblen Programmsystem von D. Wishart (1969C) zusammengefaßt[1]. Einige der wichtigsten dieser Verfahren enthält auch ein Programm von H.T. Forst (1972). Programme für verschiedene iterative globale und partielle Verfahren haben u.a. H.P. Friedman und J. Rubin (1967), J. MacQueen (1967) und D.J. McRae (1970) entwickelt. Von einer Verwendung dieser Programme ohne hinreichende Klärung der angestrebten Klassifikationsziele ist jedoch abzuraten.

---

1) Eine verbesserte Version dieses Programmsystems (CLUSTAN Ib) ist erhältlich über die Sale Support Consultant, London University Computing Services Ltd., 39 Gordon Square, London WC 1 H OPD).

Literaturverzeichnis

Amtmann, E.: Zur Systematik afrikanischer Streifeneichhörnchen der Gattung Funisciurus. Ein Beitrag zur Problematik klimaparalleler Variation und Phänetik. Bonner Zoologische Beiträge, 17 (1966), S.1-44

Attneave, F.: Informationstheorie in der Psychologie. 2.Aufl. Bern, Stuttgart 1969

Bailey, K.D.: Monothetic and polythetic typologies and their relation to conceptualization, Measurement, and scaling. American Sociological Review, 38 (1973), S.18-32

Balakrishnan, V./L.D. Sanghvi: Distance between populations on the basis of attribute data. Biometrics, 24 (1968), S.859-865

Ball, G.H.: Data analysis in the social sciences: What about the details? Am. Fed. Information Processing Soc. Conference, 27 (1965), S.533-559

Ball, G.H.: Classification analysis. Stanford Research Institute, Menlo Park, Cal. 1970

Ball, G.H./H.P. Friedman: On the status of applications of clustering techniques to behavioral science data. Proc. Social Statistics Section, Am. Stat. Ass., Washington 1968, S.34-39

Ball, G.H./D.J. Hall: Isodata, a novel method of data analysis and pattern classification. Stanford Research Institute, Menlo Park, Cal. 1965

Baron, D.N./P.M. Fraser: Medical applications of taxonomic methods. Brit. Med. Bull., 24 (1968), S.236-240

Barton, A.H.: The concept of property-space in social research. In: P.F. Lazarsfeld und M. Rosenberg (Hrsg.): The Language of Social Research. New York, London 1955, S.40-53

Baumann, U.: Psychologische Taxometrie. Bern, Stuttgart, Wien 1971

Beale, E.M.L.: Euclidean cluster analysis. Bull. Int. Stat. Inst., 43 (1969), S.92-94

Beckner, M.: The biological way of thought. New York 1959

Benninghaus, H.: Deskriptive Statistik. Stuttgart 1974

Bock, H.H.: Automatische Klassifikation.Göttingen 1974

Bonner, R.E.: On some clustering techniques. IBM Journal Res. Development, 8(1964), S.22-32

Bonner, R.E.: Cluster analysis. Ann. New York Acad. Sci., 128 (1966), S.972-983

Boulton, D.M./C.S. Wallace: A program for numerical classification. Computer Journal, 13 (1970), S.63-69

Boyce, A.J.: Mapping diversity: A comparative study of some numerical methods. In: A.J. Cole (Hrsg.), 1969, S.1-31

Burr, E.J.: Cluster sorting with mixed character types: I. Standardization of character values. Australian Computer Journal, 1 (1968), S.97-99

Burr, E.J.: Cluster sorting with mixed character types: II. Fusion strategies. Australien Computer Journal, 2 (1970), S.98-103

Burt, C.L.: Correlations between persons. British Journal Psychology 28 (1937), S.59-96

Capecchi, V.: On the definition of typology and classification in sociology. Quality and Quantity, 2 (1968), S.9-30

Cattell. R.B. (Hrsg.): Handbook of Multivariate Experimental Psychology. Chicago 1966

Cattell, R.B./M.A. Coulter: Principles of behavioural taxonomy and the mathematical basis of the taxonome computer program. Brit. Journ. Math. Statist. Psychol., 19 (1966), S.237-269

Cattell, R.B./M.A. Coulter/B. Tsujioka: The taxonometric recognition of types and functional emergents. In: R.B. Cattell (Hrsg.), 1966, S.288-329

Cole, A.J.(Hrsg.): Numerical taxonomy. London, New York 1969

Cole, L.C.: The measurement of interspecific association. Ecology, 30 (1949), S.411-424

Cormack, R.M.: A review of classification. Journal Royal Stat. Soc., Ser. A, 134 (1971), S.321-367

Costner, H.L.: Criteria for measures of association. American Sociological Review, 30 (1965), S.341-353

Cronbach, L.J./G.C. Gleser: Assessing similarity between profiles. Psychol. Bull., 50 (1953), S.456-473

Dagnelie, P.: Contribution a l'étude des communautés végétales par l'analyse factorielle. Bulletin du service de la carte phytogéographique, Ser.B, 5 (1960), S.7-71 und S.93-195

Dagnelie, P.: A propos des différentes méthodes de classification numérique. Rev. stat. appl., 14 (1966), S.55-75

Edwards, A.W.F./L.L. Cavalli-Sforza: Reconstruction of evolutionary trees. In: Heywood, V.H./J. McNeill (Hrsg.). 1964, S.67-76

Edwards, A.W.F./L.L. Cavalli-Sforza: A method for cluster analysis. Biometrics, 21 (1965), S.362-375

Fernandez de la Vega, W.: Techniques de classification automatique utilisant un indice de ressemblance. Revue française de sociologie, 8 (1967), S.506-520

Fernandez de la Vega, W.: Quelques aspects du problème de la détermination automatique des classifications. Quality and Quantity, 4 (1970), S.117-152

Fisher, W.D.: Clustering and aggregation in economics. Baltimore, Ma. 1969

Fleiss, J.L./J. Zubin: On the methodes and theory of clustering. Multivariate Behavioral Research, 4 (1969), S.235-250

Forgy, E.W.: Cluster analysis of multivariate data: Efficiency vs. Interpretability of classifications. AAAS-Biometric Society (WNAR), Riverside, Cal. 1965, Abstract in Biometrics, 21 (1965), S.768-769

Forst, H.T.: Zur Klassifizierung von Städten anhand wirtschafts- und sozialstatistischer Strukturmerkmale Kölner Dissertation 1973(im Druck; erscheint in Würzburg 1974)

Forst, H.T./F. Vogel: YGroup: Ein Fortran IV-Programm zur hierarchischen Klassifizierung von Merkmalsträgern und Merkmalen. Unveröffentlichtes Manuskript, Köln Sept. 1972

Fortier, J.J./H.Solomon: Clustering procedures. In: Krishnaiah, P.R. (Hrsg.), 1966, S.493-506

Friedman, H.P./J. Rubin: On some invariant criteria for grouping data. Journ. Am. Stat. Ass., 62 (1967), S.1159-1178

Gengerelli, J.A.: A method for detecting subgroups in a population and specifying their membership. Journal of Psychology, 55 (1963), S.457-468

Goodall, D.W.: Hypothesis testing in classification. Nature, 211 (1966), S.329-330

Goodman, L.A./W.H. Kruskal: Measures of association for cross classifications I. Journ. Am. Stat. Ass., 49 (1954), S.732-764

Goronzy, F.: A numerical taxonomy of business enterprises. In: A.J. Cole (Hrsg.), 1969, S.42-52

Gower, J.C.: Some distance properties of latent root and vector methods used in multivariate analysis. Biometrika, 53 (1966), S.325-338

Gower, J.C.: A comparison of some methods of cluster analysis. Biometrics, 23 (1967A), S.623-637

Gower, J.C.: Multivariate analysis and multidimensional geometry. The Statistician, 17 (1967B), S.13-28

Gower, J.C.: Diskussionsbeitrag zu R.M. Cormack, (1971), S.360-365

Gower, J.C.: A general coefficient of similarity and some of its properties. Biometrics, 27 (1971B), S.857-871

Gower, J.C./G.J.S. Ross: Minimum spanning trees and single linkage cluster analysis. Appl. Stat., 8 (1969), S.54-64

Green, P.E./R.E. Frank/P.S. Robinson: Cluster analysis in test market selection. Management Science, Ser. B, 13 (1967), S.B-387-B-400

Guttman, L.: A general nonmetric technique for finding the smallest coordinate space for a configuration of points. Psychometrika, 33 (1968), S.469-506

Hartigan, J.A.: Representation of similarity matrices by trees. Journ. Am. Stat. Ass., 62 (1967), S.1140-1158

Hempel, C.G.: Typologische Methoden in den Sozialwissenschaften. In: E. Topitsch (Hrsg.): Logik der Sozialwissenschaften, 2.Aufl. Köln, Berlin 1965, S.85-103

Hempel, C.G./P. Oppenheim: Der Typusbegriff im Lichte der Neuen Logik. Leiden 1936

Heywood, V.H./J. McNeill (Hrsg.): Phenetic and phylogenetic classification. Syst. Assoc. Publ. No.6, London 1964

Holtmann, D.: Multidimensionale Skalierung; Methode und ihre Anwendung in den Sozialwissenschaften. Kölner Dissertation 1974

Hymes, D. (Hrsg.): The use of computers in anthropology. Den Haag 1965

Hyvärinen, L.: Classification of qualitative data. Brit. Info. Theory Journ., 2 (1962), S.83-89

Ihm, P.: Automatic classification in anthropology. In: Dell Hymes (Hrsg.), 1965, S.357-376

Ihm, P./R. Trautner/H. Wolf: Linear algebraische Methoden in der numerischen Taxonomie. Biometrische Zeitschrift, 13 (1971), S.161-202

Jancey, R.C.: Multidimensional group analysis. Australian Journal of Botany, 14 (1966), S.127-130

Jardine, N.: Algorithms, methods and models in the simplification of complex data. Computer Journal, 13 (1970), S.116-117

Jardine, N./R. Sibson: A model for taxonomy. Mathematical Biosciences, 2 (1968A), S.465-482

Jardine, N./R. Sibson: The construction of hierarchic and non-hierarchic classifications. Computer Journal, 11 (1968B), S.177-184

Jardine, N./R. Sibson: Choice of methods for automatic classification. Computer Journal, 14 (1971A), S.404-406

Jardine, N./R.Sibson: Mathematical taxonomy. London, New York, Sydney, Toronto 1971B

Jensen, R.E.: A cluster analysis study of financial performance of selected firms. The Accounting Review, Jan. 1971, S.36-56

Johnson, L.A.S.: Rainbow's end: The quest for an optimal taxonomy. Systematic Zoology, 19 (1970), S.203-239

Jones, K.S./D.M. Jackson: Current approaches to classification and clump-finding at the Cambridge Language Research Unit. Computer Journal, 10 (1967), S.29-37

Kendrick, W.B.: Complexity and dependence in computer taxonomy. Taxon, 14 (1965), S.141-154

Krishnaiah, P.R. (Hrsg.): Multivariate analysis. New York, London 1966

Kurczynski, T.W.: Generalized distance and discrete variables. Biometrics, 26 (1970), S.525-534

Lance, G.N./W.T. Williams: Computer programs for monothetic classification (association analysis). Computer Journal, 8 (1965), S.246-249

Lance,G.N/W.T. Williams: Computer programs for hierarchical polythetic classification (similarity analyses). Computer Journal, 9 (1966), S.60-64

Lance,G.N/W.T. Williams: Mixed-data classificatory programs I: Agglomerative systems. Australian Computer Journal, 1 (1967A), S.15-20

Lance,G.N/W.T. Williams: A general theory of classificatory sorting strategies I: Hierarchical systems. Computer Journal, 9 (1967B), S.373-380

Lance,G.N/W.T. Williams: A general theory of classificatory sorting strategies II: Clustering systems. Computer Journal, 10 (1967C), S.271-277

Lance,G.N/W.T. Williams: Mixed-data classificatory programs II: Divisive systems. Australian Computer Journal, 2(1968), S.82-85

Lazarsfeld, P.F.: Latent structure analysis. In: S. Koch (Hrsg.) Psychology. A study of a science. Bd. 3, New York u.a. 1959

Lazarsfeld, P.F./N.W. Henry: Latent structure analysis, Boston, Mass. 1968

Leik, R.K./W.R. Gove: The conception and measurement of assymmetric monotonic relationships in sociology. American Journal of Sociology 74 (1969), S.696-709

Lerman, I.C.: Les bases de la classification automatique. Paris 1970

Lingoes,J.C.:The Guttman-Lingoes nonmetric program series. Ann Arbor, Mich. 1973

MacQueen, J.: Some methods for classification and analysis of multivariate observations. Proceedings of the fifth Berkeley Symposium on Mathematical Statistics and Probability, Bd. 1, Berkeley, Los Angeles, Cal. 1967, S.281-297

Mahalanobis, P.C.: On the generalized distance in statistics. Proceedings of the National Institute of Science (India), 12 (1936), S.49-55

Majone, G.: Distance-based cluster analysis and measurement scales. Quality and Quantity, 4 (1970), S.153-164

Marriott, F.H.C.: Practical problems in a method of cluster analysis. Biometrics, 27 (1971), S.501-514

Mayntz, R./K. Holm/P. Hübner: Einführung in die Methoden der empirischen Soziologie. 3.Aufl. Opladen 1972

McFarland, D.D./ D.J. Brown: Social distance as a metric: A systematic introduction to smallest space analysis. In: E.O. Laumann: Bonds of pluralism. The form and substance of urban social networks. New York u.a. 1973, S.213-253

McKinney, J.C.: Constructive Typology and Social Theory. New York 1966

McQuitty, L.L.: Elementary linkage analysis for isolating orthogonal and oblique types and typal relevancies. Educational and Psychological Measurement, 17 (1957), S.207-229

McQuitty, L.L.: Single and multiple hierarchical classification by reciprocal pairs and rank order types. Educational and Psychological Measurement, 26 (1966), S.253-265

McRae, D.J.: MIKCA: A fortran IV iterative K-means cluster analysis program. Monterey, Cal. 1970 (Abstract in Behavioral Science 16 (1971), S.423-424

Needham, R.M.: Computer methods for classification and grouping. In: D. Hymes (Hrsg.), 1965, S.345-356

Nygreen, G.T.: A density clustering approach. Princeton University 1970, (mimeo)

Orloci, L.: Geometric models in ecology I. The theory and application of some ordination methods. Journal of Ecology, 54 (1966), S.193-215

Orloci, L.: An agglomerative method for classification of plant communities. Journal of Ecology, 55 (1967), S.193-206

Orloci, L.: Information theory models for hierarchic and nonhierarchic classifications. In: A.J. Cole (Hrsg.). 1969, S.148-164

Penrose, L.S.: Distance, size and shape. Annals of Eugenics, 18 (1954), S.337-343

Pike, M.C./R. Peto: Some clustering problems in medical research. Biometrics, 26 (1970), S.356

Pike, M.C./P.G. Smith: Disease clustering: A generalization of Knox's approach to the detection of space-time interactions. Biometrics, 24 (1968), S.541-556

Proctor, J.R.: Some processes of numerical taxonomy in terms of distance. Systematic Zoology, 15 (1966), S.131-140

Quality and Quantity, 2 (1968), (Classification and typologies in the social sciences)

Rao, C.R.: Advanced statistical methods in biometric research. New York 1952

Rohlf, F.J.: Correlated characters in numerical taxonomy. Systematic Zoology, 16 (1967), S.109-126

Rohlf, F.J.: Adaptive hierarchical clustering schemes. Systematic Zoology, 19 (1970), S.58-82

Rohlf, F.J./D.R. Fisher: Tests for hierarchical structure in random data sets. Systematic Zoology, 17 (1968), S.407-412

Rohlf, F.J./R.R. Sokal: Coefficients of correlation and distance in numerical taxonomy. University of Kansas Science Bulletin, 45 (1965), S.3-27

Rubin, J.: Optimal classification into groups: An approach for solving the taxonomy problem. Journal of Theoretical Biology, 15 (1967), S.103-144

Sahner, H.: Schließende Statistik. Stuttgart 1971

Schäffer, K.-A.: Klassifizierung landwirtschaftlicher Betriebe mit Hilfe multivariater statistischer Verfahren. Statistisches Amt der Europäischen Gemeinschaften, Agrarstatistische Studien, Heft 10, Luxemburg 1972

Schnell, P.: Eine Methode zur Auffindung von Gruppen. Biometrische Zeitschrift, 6 (1964), S.47-48

Sebestyen, G.S.: Pattern recognition by an adaptive process of sample set construction. Ire Trans. on Information Theory, Bd.II-8, 1962

Sibson, R.: A model for taxonomy II. Mathematical Biosciences, 6 (1970), S.405-430

Sibson, R.: Some observations on a paper by Lance and Williams. Computer Journal, 14 (1971), S.156-157

Skarabis, H.: Mathematische Grundlagen und praktische Aspekte der Diskrimination und Klassifikation. Würzburg 1970

Sneath, P.H.A.: A comparison of different clustering methods as applied to randomly-spaced points. Classification Society Bulletin, 1 (1966), S.2-18

Sneath, P.H.A.: Evaluation of clustering methods. In: A.J. Cole (Hrsg.), 1969, S.257-267

Sokal, R.R.: Typology and empiricism in taxonomy. Journal of Theoretical Biology, 3 (1962), S.230-267

Sokal, R.R./P.H.A.Sneath: Principles of numerical taxonomy. San Francisco 1963

Sperner, E.: Einführung in die analytische Geometrie und Algebra, Teil I, 7,Aufl. Göttingen 1969

Stephenson, W.: Some observations on Q-technique. Psychological Bulletin 49 (1952), S.483-498

Tryon, R.C./D.E. Bailey: Cluster analysis, New York u.a. 1970

Überla, K.: Faktorenanalyse. Berlin, Heidelberg, New York 1968

Vogel, F.: Probleme und Verfahren der numerischen Klassifikation. Universität zu Köln 1973 (Habilitationsschrift, mimeo)

Wallace, C.S./D.M. Boulton: An information measure for classification. Computer Journal, 11 (1968), S.185-194

Wallace, D.L.: Clustering. International Encyclopedia of the Social Sciences, Bd.2, New York und London 1968, S.519-524

Ward, J.H.: Hierarchical Grouping to optimize an objective function. Journ. Am. Stat. Ass., 58 (1963), S.236-244

Williams, W.T.: The problem of attribute-weighting in numerical classification. Taxon 18 (1969), S.369-374.

Williams, W.T./H.T. Clifford/G.N. Lance: Group-size dependence: A rationale for choice between numerical classifications. Computer Journal, 14 (1971), S.157-162

Williams, W.T./M.B. Dale: Fundamental problems in numerical taxonomy. Advances in Botanical Research, 2 (1965), S.35-68

Williams, W.T./G.N. Lance/M.B. Dale/H.T.Clifford: Controversy concerning the criteria for taxonometric strategies. Computer Journal, 14 (1971), S.162-165

Willmott, A.J./P.N. Grimshaw: Cluster analysis in social geography. In: A.J. Cole (Hrsg.) 1969, S.272-278

Wishart, D.: Mode analysis: A generalization of nearest neighbour which reduces chaining effects. In: A.J. Cole (Hrsg.) 1969A, S.282-311

Wishart, D.: Fortran II programs for 8 methods of cluster analysis (Clustan I). Computer Contribution 38, State Geological Survey, The University of Kansas, Lawrence 1969B

Wishart, D.: Clustan IA. User Manual, St. Andrews, Scotland 1969C

Wishart, D.: The treatment of various similarity criteria in relation to clustan IA. St. Andrews, Scotland 1970

Ziegler, R.: Typologien und Klassifikationen. In: G.Albrecht u.a. (Hrsg.): Soziologie, Sprache, Bezug zur Praxis, Verhältnis zu anderen Wissenschaften. Rene König zum 65. Geburtstag. Köln und Opladen 1973, S.11-47

Sachregister